Adobe Illustrator 2020 图形设计案例课堂

曹文鼎　于天阔　凌波　主编

清华大学出版社

北　京

内 容 简 介

本书以实际应用为写作目的，围绕Illustrator软件展开介绍，内容遵循由浅入深、从理论到实践的原则进行讲解。本书共12章，分别介绍了Illustrator 2020入门知识、图形的绘制、对象的组织、颜色的填充及描边、文本的编辑、图表的制作、图层和蒙版的应用、效果的应用、外观与图形样式、设计稿的输出等内容。最后通过艺术节海报设计以及字体特效广告设计实操案例进行讲解，以帮助读者更好地吸收知识，并达到学以致用的目的。

本书适合作为各类院校相关专业学生的教材或辅导用书，也适合作为社会各类Illustrator软件培训班的首选教材。

图书在版编目（CIP）数据

Adobe Illustrator 2020图形设计案例课堂 / 曹文鼎，于天阔，凌波主编. —北京：清华大学出版社，2023.2（2025.1重印
ISBN 978-7-302-62905-4

Ⅰ.①A… Ⅱ.①曹… ②于… ③凌… Ⅲ.①图形软件—教材 Ⅳ.①TP391.412

中国国家版本馆CIP数据核字（2023）第031881号

责任编辑：李玉茹
封面设计：杨玉兰
责任校对：翟维维
责任印制：沈　露

出版发行：清华大学出版社
　　　　　网　　　址：https://www.tup.com.cn，https://www.wqxuetang.com
　　　　　地　　　址：北京清华大学学研大厦A座　　　　　邮　　编：100084
　　　　　社 总 机：010-83470000　　　　　邮　　购：010-62786544
　　　　　投稿与读者服务：010-62776969，c-service@tup.tsinghua.edu.cn
　　　　　质 量 反 馈：010-62772015，zhiliang@tup.tsinghua.edu.cn
　　　　　课 件 下 载：https://www.tup.com.cn，010-83470236
印 装 者：三河市人民印务有限公司
经　销：全国新华书店
开　　本：185mm×260mm　　　　印　　张：15　　　　字　　数：365千字
版　　次：2023年4月第1版　　　　印　　次：2025年1月第3次印刷
定　　价：69.00元

产品编号：098611-01

前 言

Illustrator软件是Adobe公司旗下功能非常强大的一款矢量图形软件，主要处理精细的矢量图形，在平面设计、包装设计、网页设计等领域应用广泛，其操作方便、容易上手，深受广大设计爱好者与专业设计师的喜爱。为了能够给用户提供Illustrator软件技术支持与帮助，编写团队创作了本书。

本书在介绍理论知识的同时，安排了大量的课堂练习，同时还穿插了"操作技巧"和"知识拓展"小体例，旨在让读者全面了解各知识点在实际工作中的应用。在每章结尾处安排了"强化训练"版块，其目的是为了巩固本章所学内容，从而提高操作技能。

内容概要

本书知识结构安排合理，以理论与实操相结合的形式，从易教、易学的角度出发，帮助读者快速掌握Illustrator软件的使用方法。

章 节	主要内容
第1章	主要对Illustrator软件的基础入门知识进行介绍。包括Illustrator软件的工作界面、矢量图和位图、文件的基本操作、图像的显示效果等
第2章	主要对Illustrator软件中的绘图工具进行介绍。包括绘制线段图形、绘制基本图形、手绘图形工具及橡皮擦工具等
第3章	主要对图形的编辑进行介绍。包括对象的变换、对象的编辑以及对象的高级操作等
第4章	主要对颜色的填充及描边进行介绍。包括颜色填充、渐变填充、图案填充、描边、使用符号、网格工具及实时上色等
第5章	主要对文本的编辑进行介绍。包括创建文本、设置与编辑文本、分栏和串接文本及文本绕排等
第6章	主要对图表的制作进行介绍。包括图表工具组、设置图表及图表设计等
第7章	主要对图层和蒙版的应用进行介绍。包括图层的应用、制作不透明度蒙版以及制作剪切蒙版等
第8章	主要对效果的应用进行介绍。包括使用Illustrator效果及Photoshop效果等
第9章	主要对外观与图形样式进行介绍。包括"外观"面板的应用及"图形样式"面板的应用等
第10章	主要对设计稿的输出进行介绍。包括导出Illustrator文件、打印Illustrator文件及创建Web文件等
第11章	主要对艺术节海报的设计进行介绍。包括海报背景的制作、风铃和装饰元素的绘制及文字信息的添加等
第12章	主要对字体特效广告的设计进行介绍。包括发光灯泡文字的制作、霓虹灯文字的制作及广告架和装饰图形的绘制等

配套资源

（1）案例素材及源文件

本书中所用到的案例素材及源文件均可在官网同步下载，以最大限度地方便读者进行实践。

（2）配套学习视频

本书涉及的疑难操作均配有高清视频讲解，并以二维码的形式提供给读者，读者只需扫描书中的二维码即可下载观看。

（3）PPT教学课件

配套教学课件，方便教师授课所用。

适用读者群体

- 平面设计爱好者
- 高等院校相关专业的学生
- 想要学习平面设计知识的职场小白
- 想要拥有一技之长的社会人士
- 社会培训机构的师生

本书由曹文鼎（哈尔滨商业大学）、于天阔（黑龙江职业学院）、凌波（天津市塘沽第一职业中等专业学校）编写，其中曹文鼎编写第1～7章，于天阔编写第8～10章，凌波编写第11～12章。在编写过程中力求严谨细致，但由于时间与精力有限，疏漏之处在所难免，望广大读者批评指正。

编　者

扫　码　获　取　配　套　资　源

目 录

第1章 Illustrator 2020 入门知识

第2章 图形的绘制

第3章 对象的组织

第4章 颜色的填充及描边

第5章 文本的编辑

第6章 图表的制作

第7章 图层和蒙版的应用

Illustrator

第8章 效果的应用

第9章 外观与图形样式

第10章 设计稿的输出

第11章 艺术节海报设计

Illustrator

第12章 字体特效广告设计

Illustrator

第 1 章

Illustrator 2020入门知识

内容导读

　　Illustrator软件是基于矢量的绘图软件，在平面设计领域应用非常广泛。通过Illustrator软件，用户可以制作一些精致细腻的矢量图形。本章将对Illustrator软件的基础入门知识进行介绍，包括Illustrator软件的工作界面、文件的基本操作等。

要点难点

- 熟悉Illustrator工作界面
- 学会如何区分矢量图和位图
- 掌握文件的基本操作
- 了解Illustrator软件中图像的显示效果

1.1 熟悉Illustrator工作界面 ////////////

　　Adobe Illustrator简称AI，是一款专业的矢量绘图软件，常应用于出版、印刷等领域。该软件的工作界面包括菜单栏、工具箱、状态栏、文档标题栏、图像编辑窗口、控制栏、面板等多个部分，如图1-1所示。

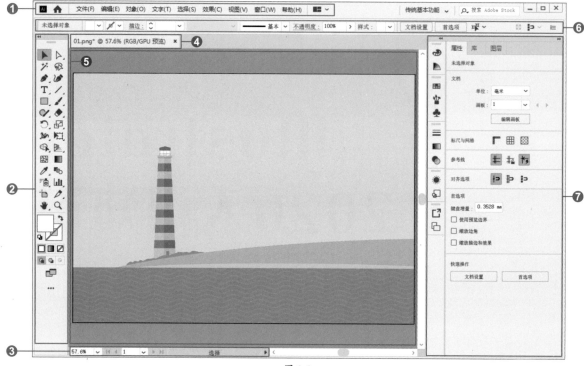

图 1-1

❶菜单栏　　❷工具箱
❸状态栏　　❹文档标题栏
❺图像编辑窗口
❻控制栏　　❼面板

不同组成部分的功能不同，具体作用如下。

- **菜单栏**：包括文件、编辑、对象、文字等9个主菜单，每个主菜单中包括多个子菜单，通过应用菜单中的命令，可以完成多种操作。

- **工具箱**：包括Illustrator软件中所有的工具，部分工具可以展开，便于用户进行绘图与编辑。

- **状态栏**：用于显示当前文档视图的显示比例、画板导航、当前使用的工具等信息。

- **控制栏**：用于显示一些常用的图形设置选项，选择不同的工具时，控制栏中的选项也不同。

- **面板**：面板是Illustrator最重要的组件之一，该软件中具有多种面板，用户可以通过面板设置数值和调节功能。Illustrator软件中的面板可以折叠，用户可根据需要分离或组合面板。

1.1.1 工具箱

工具箱中包括大量工具，这些工具可以辅助用户绘制编辑图像，从而制作出具有视觉冲击力的作品。图1-2所示为Illustrator软件中的工具箱。

Illustrator软件中的工具箱默认位于工作界面的左侧，用户可以根据需要将其移动至合适位置。若要应用某种工具，单击相应的图标即可。值得注意的是，工具箱中部分工具并未直接显示，而是以成组的形式隐藏在右下角带三角形的工具按钮中，按住工具不放即可展开工具组。图1-3、图1-4所示分别为展开的直线段工具组和Shaper工具组。

图 1-2

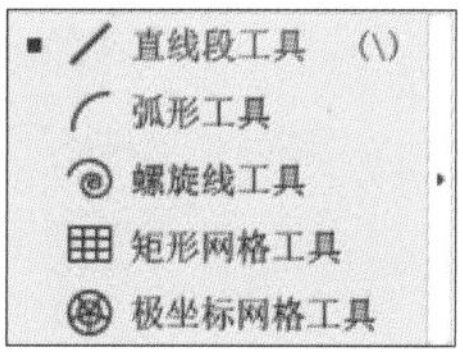

图 1-3

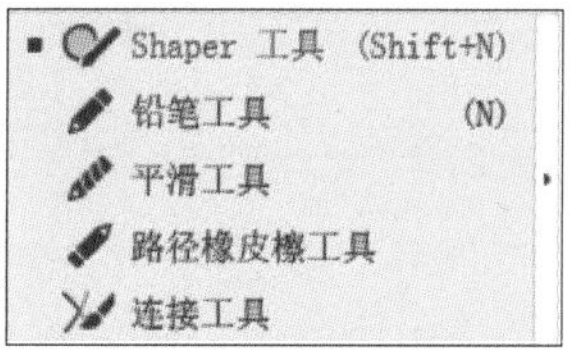

图 1-4

工具箱中各工具如表1-1所示。

表1-1 Illustrator 工具

工具	图标	工具	图标	工具	图标
选择工具	▶	斑点画笔工具	✐	网格工具	▦
直接选择工具	▷	Shaper工具	♡	渐变工具	▮
编组选择工具	▷	铅笔工具	✎	吸管工具	✐
魔棒工具	✗	平滑工具	✐	度量工具	✐
套索工具	☊	路径橡皮擦工具	✐	混合工具	☜
钢笔工具	✐	连接工具	✕	符号喷枪工具	▦
添加锚点工具	✐	橡皮擦工具	◆	符号移位器工具	♨
删除锚点工具	✐	剪刀工具	✂	符号紧缩器工具	♨
锚点工具	⌐	美工刀	✐	符号缩放器工具	◎
曲率工具	✐	旋转工具	↻	符号旋转器工具	◉

（续表）

工具	图标	工具	图标	工具	图标
文字工具	T	镜像工具	▷◁	符号着色器工具	🐾
区域文字工具	⬚T	比例缩放工具	🔲	符号滤色器工具	🔮
路径文字工具	〳	倾斜工具	🔶	符号样式器工具	🔮
直排文字工具	↓T	整形工具	⋎	柱形图工具	ᵢᵢₗ
直排区域文字工具	⬚T	宽度工具	🐾	堆积柱形图工具	ₗᵢₗ
直排路径文字工具	⬱	变形工具	◣	条形图工具	▬
修饰文字工具	⬚	旋转扭曲工具	🌀	堆积条形图工具	▬
直线段工具	╱	缩拢工具	✳	折线图工具	📈
弧形工具	⌒	膨胀工具	◈	面积图工具	📉
螺旋线工具	◎	扇贝工具	◧	散点图工具	⋮⋮
矩形网格工具	⊞	晶格化工具	✾	饼图工具	◕
极坐标网格工具	⊛	褶皱工具	⋓	雷达图工具	⊗
矩形工具	▢	自由变换工具	⧉	画板工具	⬚
圆角矩形工具	▢	操纵变形工具	✴	切片工具	⟋
椭圆工具	◯	形状生成器工具	◔	切片选择工具	⟋
多边形工具	◯	实时上色工具	⬚	抓手工具	✋
星形工具	☆	实时上色选择工具	⬚	打印拼贴工具	⊡
光晕工具	◎	透视网格工具	▧	缩放工具	🔍
画笔工具	✑	透视选区工具	🐾		

除了工具外，工具箱下方还包括填充和描边控件，如图1-5所示。用户可以通过这些控件设置颜色。

①填色　②默认填色和描边
③互换填色和描边　④描边
⑤颜色　⑥渐变　⑦无

图 1-5

操作技巧

如果想更改屏幕模式，单击工具箱底部的"更改屏幕模式"按钮⬚，在弹出的下拉菜单中选择即可。

其中，各控件作用如下。

● **填色：** 双击该按钮，可以在弹出的"拾色器"对话框中选择填充颜色。

● **描边：** 单击该按钮，可切换至描边进行设置；双击该按钮，可以在弹出的"拾色器"对话框中选择描边颜色。

● **互换填色和描边：** 单击该按钮，可以互换填充和描边的颜色。

● **默认填色和描边：** 单击该按钮，可以恢复默认颜色设置（白色填充和黑色描边）。

● **颜色：** 单击该按钮，可以将上次的颜色应用于具有渐变填充或者没有描边或填充的对象。

- **渐变**：单击该按钮，可以将当前选择的路径更改为上次选择的渐变。
- **无**：单击该按钮，可以删除选定对象的填充或描边。

1.1.2 状态栏

状态栏位于文档窗口底部，用户可以通过状态栏设置视图的缩放，也可以查看当前文档的一些信息，如图1-6所示。

图 1-6

状态栏一般由三部分组成，从左至右依次为视图比例下拉列表框、画板导航及状态弹出式菜单。

视图比例是指当前绘图页面与文档窗口的比例，单击状态栏最左边的下拉按钮 ∨，在弹出的下拉列表中即可进行选择。下拉列表框中视图比例可调节的范围为3.13%～64000%，用户可以从中选择，也可以直接在文本框内输入所需要的比例值，然后按Enter键确认，即可按设置的比例进行显示。

当文档中存在多个画板时，通过画板导航可以进行快速切换与定位。

单击状态栏右侧的三角按钮 ▶，在弹出的菜单中选择"显示"命令，在其子菜单中选择相应的命令即可使其在状态栏中显示，默认显示"当前工具"，如图1-7所示。

图 1-7

1.2 矢量图和位图

Illustrator虽然是一款矢量绘图软件，但同样可以对位图进行处理。因此，了解矢量图和位图之间的区别，对学习Illustrator软件具有极大的帮助。下面将对此进行介绍。

1.2.1 矢量图

矢量又叫向量，是一种面向对象的基于数学方法的绘图方式，在数学上定义为一系列由线连接的点，用矢量方法绘制出来的图形叫作矢量图形。矢量绘图软件也可以叫作面向对象的绘图软件，在矢量文件中的图形元素称为对象，每一个对象都是一个独立的实体，它具有大小、形状、颜色、轮廓等属性，由于每一个对象都是独立的，那么在移动或更改它们的属性时，就可维持对象原有的清晰度和弯曲度，并且不会影响图形中其他的对象。

矢量图形由一条条的直线或曲线构成，在填充颜色时，将按照用户指定的颜色沿曲线的轮廓边缘进行着色，矢量图形的颜色和它的分辨率无关，当放大或缩小图形时，它的清晰度和弯曲度不会改变，并且其填充颜色和形状也不会更改，如图1-8、图1-9所示。

图 1-8

图 1-9

1.2.2　位图

位图图像也称为点阵图像或绘制图像，它由无数个单独的点即像素点组成，每个像素点都具有特定的位置和颜色值，位图图像的显示效果与像素点是紧密相关的，它通过多个像素点不同的排列和着色来构成整幅图像。图像的大小取决于这些像素点的多少，图像的颜色也是由各个像素点的颜色来决定的。

位图图像与分辨率有关，即图像包含一定数量的像素，当放大位图时，可以看到构成整个图像的无数小方块，如图1-10、图1-11所示。扩大位图时将增加像素点的数量，它使图像显示更为清晰、细腻；而缩小位图时，则会减少相应的像素点，从而使线条和形状显得参差不齐，由此可看出，对位图进行缩放时，实质上只是对其中的像素点进行了相应的操作，而在进行其他的操作时也是如此。

图 1-10

图 1-11

课堂练习 将位图转换为矢量图

通过 Illustrator 软件, 用户可以将位图转换为矢量图, 从而进行编辑与修改。下面将以位图的转换为例, 对图像临摹进行介绍。

步骤 01 打开 Illustrator 软件, 执行 "文件" | "新建" 命令, 打开 "新建文档" 对话框, 设置参数, 新建一个 A4 大小的空白文档, 如图 1-12 所示。

步骤 02 执行 "文件" | "置入" 命令, 打开 "置入" 对话框, 选择素材文件 "狐狸.jpg", 如图 1-13 所示。

图 1-12

图 1-13

步骤 03 单击 "置入" 按钮, 在画板中任意位置单击, 置入素材, 如图 1-14 所示。

步骤 04 使用画板工具调整画板大小与素材一致, 如图 1-15 所示。

图 1-14

图 1-15

步骤 05 按 V 键切换至选择工具 ▶, 选中导入的素材文件, 单击控制栏中的 "图像临摹" 右侧的下拉按钮 ✓, 在弹出的下拉列表中选择 "低保真度照片" 选项, 临摹位图, 如图 1-16 所示。

步骤 06 单击控制栏中的 "扩展" 按钮, 将临摹对象转换为路径, 如图 1-17 所示。

图 1-16   图 1-17

至此，完成将位图转换为矢量图的操作。

1.3　文件的基本操作

在Illustrator软件中，任何操作都基于文档进行，用户可以新建或打开文件，从而进行编辑或者修改；保存处理完成的文件，以便后续操作。本小节将针对文件的基本操作进行介绍。

1.3.1　新建文件

打开Illustrator软件，在其主页中单击"新建"按钮或执行"文件"|"新建"命令或按Ctrl+N组合键，打开"新建文档"对话框，如图1-18所示。在该对话框中设置参数后单击"创建"按钮即可按照设置新建文档。

操作技巧

按Ctrl+Alt+N组合键将以上次创建的文档为准直接新建文档；按Ctrl+Shift+N组合键可打开"从模板新建"对话框，从中可选择软件自带的模板新建文档。

图 1-18

"新建文档"对话框中各选项的作用如下。

- **预设详细信息**：用于设置文档名称。
- **宽度**：用于设置画板宽度。
- **高度**：用于设置画板高度。
- **方向**：用于设置画板横向或竖向排列。
- **画板**：用于设置画板数量，默认为1。
- **出血**：用于设置出血参数，当数值不为0时，新建文档时画板周围将显示设置的出血范围。
- **颜色模式**：用于设置新建文档的颜色模式。
- **光栅效果**：用于设置分辨率。
- **预览模式**：用于设置文档的预览模式，包括"默认值""像素"和"叠印"3个选项。"默认值"模式是在矢量视图中以彩色显示在文档中创建的图稿，放大或缩小时将保持曲线的平滑度；"像素"模式是显示具有栅格化（像素化）外观的图稿，它不会实际对内容进行栅格化，而是显示模拟的预览，就像内容是栅格一样；"叠印"模式提供"油墨预览"，模拟混合、透明和叠印在分色输出中的显示效果。

1.3.2　打开文件

若想打开Illustrator文件，可以执行"文件"|"打开"命令或按Ctrl+O组合键，在打开的"打开"对话框中找到要打开的文件，单击"打开"按钮即可。用户也可以直接在文件夹中双击要打开的Illustrator文件将其打开。

1.3.3　保存文件

编辑或修改文件后，可以对文档进行保存，以便后续编辑与应用。执行"文件"|"存储"命令或按Ctrl+S组合键，若文件是第一次保存，将打开"存储为"对话框，如图1-19所示。在该对话框中设置存储路径、文件名、保存类型等参数后单击"保存"按钮即可保存文件。

若文件不是第一次保存，执行"文件"|"存储"命令或按Ctrl+S组合键将替换源文件保存。若用户既需要源文件，又需要修改后的文件，可以执行"文件"|"存储为"命令或按Ctrl+Shift+S组合键打开"存储为"对话框进行设置。

📝 **学习笔记**

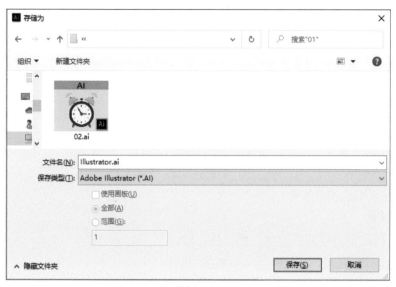

图 1-19

图 1-20

1.3.4 关闭文件

在Illustrator软件中完成操作后，可以关闭文件。执行"文件"|"关闭"命令或按Ctrl+W组合键，可关闭当前文件。用户也可以直接单击文档标题栏中的"关闭"按钮✖关闭文件。

课堂练习 绘制符号表情

通过Illustrator软件，用户可以绘制各种矢量图形。下面将以符号表情的绘制为例，对文件的新建、保存等操作进行介绍。

步骤 01 打开Illustrator软件，单击主页中的"新建"按钮，打开"新建文档"对话框，设置预设详细信息、宽度和高度参数，如图1-21所示。设置完成后单击"创建"按钮，新建一个80mm×30mm的空白文档。

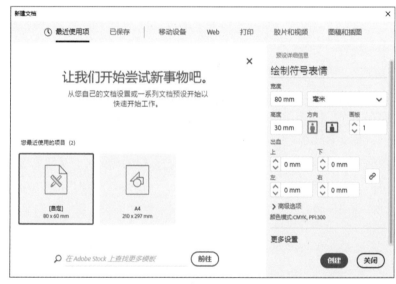

图 1-21

步骤 02 选择画笔工具 ✐，保持默认设置，在画板中的合适位置按住鼠标左键拖动绘制路径，如图1-22所示。

步骤 03 使用相同的方法，继续使用画笔工具绘制路径，如图1-23所示。

图 1-22

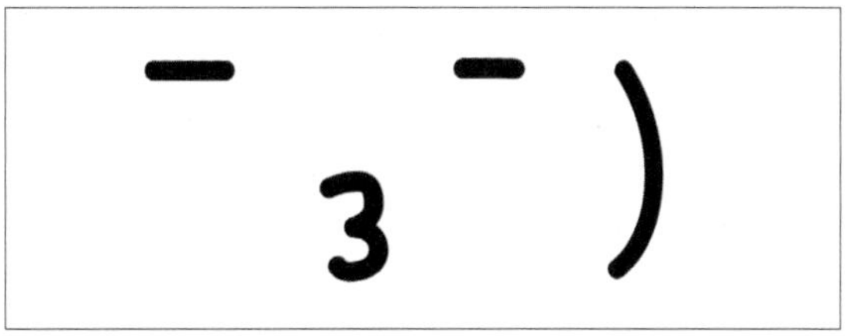

图 1-23

步骤 04 单击工具箱中的"填色"按钮 □，单击"无"按钮，删除填色；双击"描边"按钮 ▣，设置颜色为粉色（C：0，M：22，Y：10，K：0），继续绘制路径，如图1-24所示。

步骤 05 选择椭圆工具 ⬭，设置填色为粉色（C：0，M：22，Y：10，K：0），"描边"为无，在画板中的合适位置按住鼠标左键拖动绘制椭圆，如图1-25所示。

图 1-24

图 1-25

步骤 06 使用选择工具 ▶ 选中椭圆，按住Alt键拖动复制，如图1-26所示。

步骤 07 执行"文件"|"存储"命令，打开"存储为"对话框，设置存储路径、文件名等参数，如图1-27所示。设置完成后单击"保存"按钮，打开"Illustrator选项"对话框，保持默认设置，单击"确定"按钮保存文件。按Ctrl+W组合键关闭文件。

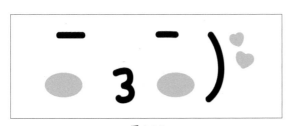

图 1-26

图 1-27

至此，完成符号表情的绘制与存储。

1.4 图像的显示效果

在使用Illustrator软件的过程中，用户可以根据需要设置图像的显示效果，如放大或缩小视图显示比例、调整图像窗口等，以便更好地操作，下面将对此进行介绍。

1.4.1 放大/缩小显示图像

缩放视图可以帮助用户更好地把握整体效果和图像细节，用户可以根据编辑需要放大视图比例或缩小视图比例。

1. 放大

执行"视图"|"放大"命令或按Ctrl++组合键，即可放大视图比例，用户也可以选择缩放工具🔍单击放大视图比例。

2. 缩小

执行"视图"|"缩小"命令或按Ctrl+-组合键，即可缩小视图比例，用户也可以选择缩放工具🔍后按住Alt键单击缩小视图比例。

1.4.2 屏幕模式

Illustrator软件中包括正常屏幕模式、带有菜单栏的全屏模式和全屏模式3种屏幕显示模式。单击工具箱底部的"更改屏幕模式"按钮▭，在弹出的下拉菜单中执行相应的命令即可进行切换，如图1-28所示。

图 1-28

这3种屏幕显示模式的作用分别如下。

● **正常屏幕模式：** 该模式为默认选择状态，选择该模式将在标准的窗口中显示图形文件，在文档窗口的顶部显示了菜单栏，在右边缘显示了滚动条，而在窗口最下方显示了状态栏。

● **带有菜单栏的全屏模式：** 选择该模式将在全屏窗口中显示图形，有菜单栏但是没有标题栏、滚动条及状态栏。

● **全屏模式：** 选择该模式将在全屏窗口中显示图稿，不带标题栏、菜单栏、状态栏及滚动条等。

操作技巧

当视图比例较大无法完整观看效果时，用户可以选择抓手工具✋或按空格键切换至抓手工具✋，按住鼠标左键拖动移动页面，从而观看效果。

操作技巧

若想使画板适合窗口大小，可以按Ctrl+0组合键缩放视图比例以满画布显示。

1.4.3 图像窗口显示

当在Illustrator软件中打开多个文件时，用户可以通过执行"排列"命令选择合适的排列方式，从而得到较好的显示效果。执行"窗口"|"排列"命令，在其子菜单中执行相应的命令即可，如图1-29所示。

学习笔记

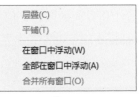

图 1-29

其中，部分常用排列命令的作用如下。

● **层叠**："层叠"方式排列是所有打开文档从屏幕的左上角到右下角以堆叠和层叠的方式显示。

● **平铺**：当选择"平铺"方式排列时，窗口会自动调整大小，并以平铺的方式填满可用的空间。

● **在窗口中浮动**：当选择"在窗口中浮动"方式排列时，图像可以自由浮动，并且可以任意拖动标题栏来移动窗口。

强化训练

1. 项目名称

调整界面颜色。

2. 项目分析

在使用Illustrator软件时，用户可以根据需要设置工作界面的颜色等信息，使其更符合个人需要。该操作主要通过"首选项"对话框实现，在该对话框中除了设置工作界面的颜色外，还可以设置参考线和网格的颜色样式、自动存储等。

3. 项目效果

界面颜色调整前后的效果如图1-30、图1-31所示。

图 1-30

图 1-31

4. 操作提示

①打开Illustrator软件，导入素材文件。

②执行"编辑"|"首选项"|"用户界面"命令，在打开的"首选项"对话框中设置亮度。

③单击"确定"按钮应用效果。

第2章

图形的绘制

内容导读

　　在Illustrator软件中，用户可以通过多种不同的绘图工具绘制造型各异的图形。常见的绘图工具包括直线段工具组、矩形工具组、画笔工具、钢笔工具等。绘制图形后，用户还可以使用橡皮擦工具组裁剪路径，本章将对此进行介绍。

要点难点

● 学会线形与基本图形的绘制
● 掌握复杂绘图工具的应用
● 学会裁剪路径的绘制

2.1 绘制线形图形

线段是矢量绘图中不可或缺的部分，用户可以通过不同的线段制作造型各异的效果。在Illustrator软件中，用户可以通过多种线形工具绘制线段，下面将对此进行介绍。

2.1.1 绘制直线

利用直线段工具，用户可以方便地绘制各种直线。选中直线段工具∕，在图像编辑窗口中按住鼠标左键拖动即可绘制直线。若想绘制更加精准的直线，可以选中直线段工具∕后，在图像编辑窗口中单击，打开"直线段工具选项"对话框，如图2-1所示。在该对话框中设置直线段的长度和角度，设置完成后单击"确定"按钮，即可根据设置创建直线段。

图 2-1

2.1.2 绘制弧线

弧形工具可用于绘制弧线段。选中弧形工具⌒，在图像编辑窗口中按住鼠标左键拖动即可绘制弧线。若想绘制更加精准的弧线，可以选中弧形工具⌒后，在图像编辑窗口中单击，打开"弧线段工具选项"对话框，如图2-2所示。在该对话框中设置参数后，单击"确定"按钮即可根据设置创建弧线。

图 2-2

"弧线段工具选项"对话框中各选项的作用如下。
- **X轴长度：** 用于设置弧线的宽度。
- **Y轴长度：** 用于设置弧线的高度。
- **定位器⌐：** 用于设置单击点在弧线中的位置，从而定位弧线的起点。
- **类型：** 用于设置弧线是开放路径还是封闭路径。
- **基线轴：** 用于指定弧线的方向。
- **斜率：** 用于指定弧线斜率的方向。输入负值时弧线向内凹入，输入正值时弧线向外凸出，斜率为0时将创建直线。

● **弧线填色：** 选中该复选框将以当前填充颜色为弧线填色。

2.1.3　绘制螺旋线

螺旋线工具可以绘制螺旋状的线段。选中螺旋线工具◎，在图像编辑窗口中按住鼠标左键拖动即可按照默认设置绘制螺旋线。若想绘制更加精准的螺旋线，可以选择该工具后在图像编辑窗口中单击，打开"螺旋线"对话框，如图2-3所示。在该对话框中可以设置螺旋线的半径、衰减等参数，设置完成后单击"确定"按钮，即可根据设置创建螺旋线，如图2-4所示。

图 2-3

图 2-4

"螺旋线"对话框中各选项的作用如下。

● **半径：** 用于设置从中心到螺旋线最外点的距离。

● **衰减：** 用于设置螺旋线的每一螺旋相对于上一螺旋应减少的量。

● **段数：** 用于设置螺旋线的线段数，每一完整螺旋包括四条线段。

● **样式：** 用于设置螺旋线的方向。

 操作技巧

除了通过工具选项对话框精确设置图形参数外，用户也可以选中创建后的图像，在控制栏中进行设置。

2.1.4　绘制网格

Illustrator软件中包括矩形网格工具和极坐标网格工具。矩形网格工具可以绘制具有指定大小和指定分隔线数目的矩形网格；极坐标网格工具可以创建具有指定大小和指定分隔线数目的极坐标网格。下面将对此进行介绍。

1. 矩形网格工具

选择矩形网格工具▦，在图像编辑窗口中按住鼠标左键拖动即可按照默认设置绘制矩形网格。用户也可以选择该工具后在图像编辑窗口中单击，打开"矩形网格工具选项"对话框进行精确设置，如图2-5所示。设置完成后单击"确定"按钮，即可根据设置创建矩形网格，如图2-6所示。

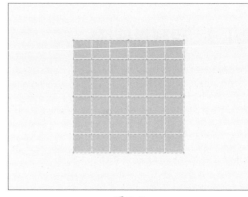

图 2-5　　　　　　　　　　　　　　　　图 2-6

"矩形网格工具选项"对话框中各选项的作用如下。

● **默认大小**：用于设置矩形网格的宽度和高度。宽度参数右侧的定位器▯可以设置单击点在矩形网格中的位置。

● **水平分隔线**：用于设置网格顶部和底部之间的分隔线数量及倾斜值。其中，倾斜值决定分隔线倾向网格顶部或底部的程度，数值为0时分隔线均匀分布。

● **垂直分隔线**：用于设置网格左侧和右侧之间的分隔线数量及倾斜值。其中，倾斜值决定分隔线倾向网格左侧或右侧的程度。

● **使用外部矩形作为框架**：选中该复选框，网格四周线段将以单独矩形对象替换。

● **填色网格**：选中该复选框，将以当前填充颜色填充网格。

2. 极坐标网格工具

选择极坐标网格工具⚙，在图像编辑窗口中按住鼠标左键拖动即可按照默认设置绘制极坐标网格。用户也可以选择该工具后在图像编辑窗口中单击，打开"极坐标网格工具选项"对话框进行精确设置，如图2-7所示。设置完成后单击"确定"按钮，即可根据设置创建极坐标网格，如图2-8所示。

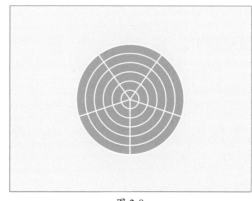

图 2-7　　　　　　　　　　　　　　　　图 2-8

"极坐标网格工具选项"对话框中各选项的作用如下。

- **默认大小**：用于设置极坐标网格的宽度和高度。
- **同心圆分隔线**：用于设置圆形同心圆分隔线数量及倾斜值。其中，倾斜值决定分隔线倾向内侧或外侧的程度。
- **径向分隔线**：用于设置网格中心和外围之间径向分隔线数量及倾斜值。其中，倾斜值决定分隔线倾向网格上方或下方的程度。
- **从椭圆形创建复合路径**：选中该复选框，可以将同心圆转换为独立复合路径，若此时选中"填色网格"复选框，则将每隔一个圆填色。
- **填色网格**：选中该复选框，将以当前填充颜色填充网格。

课堂练习　绘制标靶图案

在Illustrator软件中，用户可以通过线形工具绘制出造型各异的图像。下面将以标靶的绘制为例，对网格工具的应用进行介绍。

步骤 01 打开Illustrator软件，新建一个80mm×80mm大小的空白文档。选择工具箱中的矩形工具▢，在图像编辑窗口中绘制一个与画板等大的矩形，并设置其"填色"为灰色（C：16，M：12，Y：11，K：0），"描边"为无，如图2-9所示。按Ctrl+2组合键锁定该矩形。

步骤 02 选择极坐标网格工具◉，在图像编辑窗口中单击，打开"极坐标网格工具选项"对话框，设置"宽度"和"高度"均为60mm，同心圆分隔线数量为9，径向分隔线数量为0，如图2-10所示。

步骤 03 设置完成后单击"确定"按钮，创建极坐标网格，如图2-11所示。

图 2-9

图 2-10

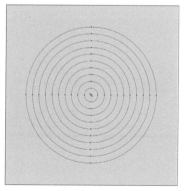

图 2-11

步骤 04 选中极坐标网格，在控制栏中设置"描边"为黑色，"粗细"为0.25pt，效果如图2-12所示。

步骤 05 选择编组选择工具▶，选中极坐标网格最中心的两个圆，双击工具箱中的"填色"按钮，打开"拾色器"对话框，设置其填色为黄色（C：9，M：0，Y：85，K：0），效果如图2-13所示。

步骤 06 使用相同的方法，继续选中两个同心圆，设置其填色为红色（C：7，M：85，Y：64，K：0），效果如图2-14所示。

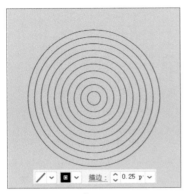

图 2-12

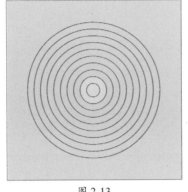

图 2-13

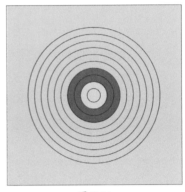

图 2-14

步骤 07 重复操作，依次设置其填色为蓝色（C：68，M：21，Y：6，K：0）、深灰色（C：75，M：70，Y：68，K：32）和白色，效果如图2-15所示。

步骤 08 选择直线段工具／，在极坐标网格最中心圆内部绘制直线段，并设置其"描边"为黑色，"粗细"为0.15pt，效果如图2-16所示。

图 2-15

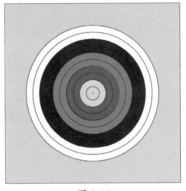

图 2-16

至此，完成标靶的绘制。

学习笔记

2.2　绘制基本图形

除了线段外，基本图形也是矢量图形绘制中常见的图形。在Illustrator软件中用户可以通过基本图形工具绘制多种图形，如矩形、圆角矩形、圆形、星形等。本节将针对基本图形的绘制进行介绍。

2.2.1　绘制矩形和圆角矩形

矩形和圆角矩形都是常见的基本图形。在Illustrator软件中，用户可以通过矩形工具▢创建矩形，通过圆角矩形工具▢创建圆角矩形。下面将对此进行介绍。

1. 矩形工具

矩形工具可以绘制矩形。选择该工具，在图像编辑窗口中按住鼠标左键拖动即可绘制矩形。若想绘制更加精确的矩形，可以选择矩形工具▢后在图像编辑窗口中单击，打开"矩形"对话框，设置参数，如图2-17所示。在该对话框中设置矩形的宽度和高度，单击"确定"按钮即可根据设置创建矩形。

图 2-17

2. 圆角矩形工具

圆角矩形的创建与矩形类似，选择圆角矩形工具▢，在图像编辑窗口中按住鼠标左键拖动即可绘制圆角矩形。若想绘制更加精确的圆角矩形，可以选中该工具后在图像编辑窗口中单击，打开"圆角矩形"对话框，如图2-18所示。在该对话框中设置圆角矩形的宽度、高度及圆角半径参数，单击"确定"按钮即可根据设置创建圆角矩形，如图2-19所示。

💡 **操作技巧**

使用圆角矩形工具▢绘制圆角矩形时，按键盘中的↑键可以增加圆角半径；按↓键可以减少圆角半径；按←键可设置圆角半径为0；按→键可设置最大圆角半径。

图 2-18

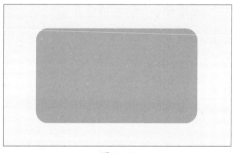

图 2-19

2.2.2　绘制椭圆形和圆形

在Illustrator软件中，椭圆形和圆形都是通过椭圆工具创建的。选择椭圆工具◯，在图像编辑窗口中按住鼠标左键拖动即可绘制椭圆；按住Shift键拖动即可绘制圆形。若想绘制更加精确的图形，可以选中该工具后在图像编辑窗口中单击，打开"椭圆"对话框，如图2-20所示。

图 2-20

在该对话框中设置椭圆的宽度和高度，单击"确定"按钮即可创建椭圆或圆形。

2.2.3　绘制多边形

多边形工具◎可绘制规则的正多边形。选择该工具，在图像编辑窗口中按住鼠标左键拖动即可绘制多边形。若想绘制更加精确的多边形，可以选中多边形工具◎后在图像编辑窗口中单击，打开"多边形"对话框，如图2-21所示。在该对话框中设置半径和边数，单击"确定"按钮即可根据设置创建多边形。

图 2-21

2.2.4　绘制星形

星形工具☆可以绘制星形。选择该工具，在图像编辑窗口中按住鼠标左键拖动即可绘制星形。若想绘制更加精确的星形，可以选中星形工具☆后在图像编辑窗口中单击，打开"星形"对话框，如图2-22所示。在该对话框中设置参数后单击"确定"按钮，即可根据设置创建星形。

"星形"对话框中各选项的作用如下。

- **半径1**：用于设置从星形中心到星形最内点的距离。
- **半径2**：用于设置从星形中心到星形最外点的距离。
- **角点数**：用于设置星形的点数。

图 2-22

课堂练习　快速绘制星形

星形是一款常见的装饰图形，在Illustrator软件中，用户可以轻松地绘制该造型。下面将以五角星的绘制为例，对星形工具的应用进行介绍。

步骤01 打开Illustrator软件，新建一个80mm×80mm的空白文档。选择工具箱中的矩形工具▢，在图像编辑窗口中绘制一个与画板等大的矩形，并设置其"填色"为红色（C：8，M：98，Y：100，K：0），"描边"为无，如图2-23所示。按Ctrl+2组合键锁定该矩形。

步骤02 双击工具箱中的"填色"按钮，打开"拾色器"对话框，设置颜色为黄色（C：6，M：11，Y：85，K：0），选择星形工具☆，在图像编辑窗口中单击，打开"星形"对话框，设置参数，如图2-24所示。

步骤 03 设置完成后单击"确定"按钮，即可创建星形，如图2-25所示。

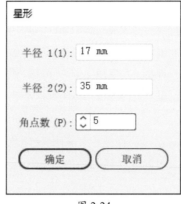

图 2-23   图 2-24   图 2-25

至此，完成五角星的绘制。

2.2.5 绘制光晕

光晕工具💿可以创建类似于镜头光晕的效果。选中该工具，在图像编辑窗口中按住鼠标左键拖动设置中心的大小、光晕的大小，当中心、光晕和射线达到所需效果时释放鼠标即可创建光晕。

若想创建更加精确的光晕，可以选中光晕工具💿后在图像编辑窗口中单击，打开"光晕工具选项"对话框，如图2-26所示。在该对话框中设置参数后单击"确定"按钮，即可根据设置创建光晕效果，如图2-27所示。

> **学习笔记**

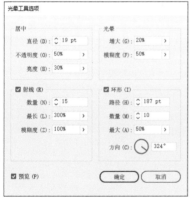

图 2-26   图 2-27

"光晕工具选项"对话框中各选项的作用如下。

● **居中**："直径"选项可以设置中心控制点直径的大小；"不透明度"选项可以设置中心控制点的不透明度；"亮度"选项可以设置中心控制点的亮度比例。

- **光晕**："增大"选项可以设置光晕围绕中心控制点的辐射程度；"模糊度"选项可以设置光晕在图形中的模糊程度。
- **射线**："数量"选项可以设置射线的数量；"最长"选项可以设置最长一条射线的长度；"模糊度"选项可以设置射线在图形中的模糊程度。
- **环形**："路径"选项可以设置光环所在的路径的长度值；"数量"选项可以设置二次单击时产生的光环在图形中的数量；"最大"选项可以设置光环的大小比例；"方向"选项可以设置光环在图形中的旋转角度，还可以通过右边的角度控制按钮调节光环的角度。

2.3 手绘图形工具

除了绘制固定的基本图形外，用户还可以充分发挥自己的想象力，通过画笔工具、铅笔工具等自由地绘制图像。下面将对此进行介绍。

2.3.1 画笔工具组

画笔工具组中包括画笔工具 ✏ 和斑点画笔工具 ✏ 两种工具。这两种工具最大的区别在于画笔工具绘制的是路径，而斑点画笔工具绘制的是轮廓，如图2-28所示。下面将针对画笔工具的应用进行介绍。

图 2-28

1. 画笔工具选项

双击工具箱中的画笔工具 ✏，打开"画笔工具选项"对话框，如图2-29所示。用户可以在该对话框中设置参数，从而控制路径的锚点数量及其平滑程度。

🔍 知识拓展

Illustrator软件中包括书法、散布、艺术、毛刷和图案5种不同类型的画笔。这5种画笔的特点分别如下。

- **书法画笔**：创建的描边类似于使用书法钢笔带拐角的尖绘制的描边以及沿路径中心绘制的描边。在使用斑点画笔工具 ✏ 时，可以使用书法画笔进行上色并自动扩展画笔描边成填充形状，该填充形状与其他具有相同颜色的填充对象（交叉在一起或其堆栈顺序是相邻的）进行合并。
- **散布画笔**：将一个对象的许多副本沿着路径分布。
- **艺术画笔**：沿路径长度均匀拉伸画笔形状（如粗炭笔）或对象形状。
- **毛刷画笔**：使用毛刷创建具有自然画笔外观的画笔描边。
- **图案画笔**：绘制一种图案，该图案由沿路径重复的各个拼贴组成。图案画笔最多可以包括5种拼贴，即图案的边线、内角、外角、起点和终点。

图 2-29

"画笔工具选项"对话框中各选项的作用如下。

- **保真度**：决定所绘制的路径偏离鼠标轨迹的程度，数值越小，路径中的锚点数越多，绘制的路径越接近光标在页面中的移动轨迹。相反，数值越大，路径中的锚点数就越少，绘制的路径与光标的移动轨迹差别也就越大。
- **填充新画笔描边**：选中该复选框可将填色应用于路径。
- **保持选定**：用于设置绘制路径之后是否保持选中状态。
- **编辑所选路径**：用于设置是否可以使用画笔工具更改现有路径。
- **范围**：用于确定鼠标或光笔与现有路径相距多大距离之内，才能使用画笔工具来编辑路径。该选项仅在选中"编辑所选路径"复选框时可用。

2. "画笔"面板

执行"窗口"|"画笔"命令即可打开"画笔"面板，该面板中显示默认画笔和当前文件的画笔，如图2-30所示。

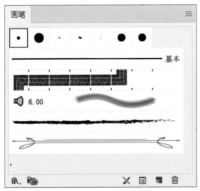

图 2-30

"画笔"面板中部分常用选项的作用如下。

- **画笔库菜单** ⋔：单击该按钮，在弹出的下拉菜单中可以选择画笔库中预设的画笔。

- 移去画笔描边 ×：单击该按钮将删除画笔描边效果。
- **所选对象的选项** ▤：单击该按钮，打开相应的描边选项对话框，从而对所选画笔的选项进行设置。图2-31所示为打开的"描边选项（图案画笔）"对话框。

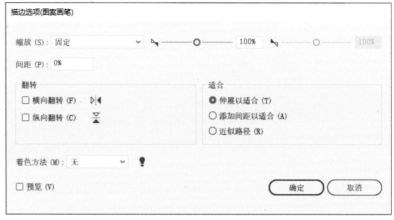

图 2-31

- **新建画笔** ▉：单击该按钮，在弹出的"新建画笔"对话框中选择新画笔类型后单击"确定"按钮，将打开相应的画笔选项对话框，用于设置新建画笔的参数。图2-32所示为打开的"图案画笔选项"对话框。

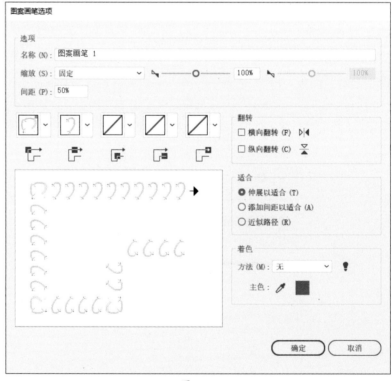

图 2-32

- **删除画笔** 🗑：单击该按钮，将删除"画笔"面板中选中的画笔。

3. 画笔库

画笔库中包括Illustrator软件中提供的多组预设画笔，执行"窗口"|"画笔库"命令，在其子菜单中执行命令，即可打开对应的画笔组。通过预设的画笔，用户可以更方便地绘制与编辑，从而提高工作效率。

2.3.2 铅笔工具组

铅笔工具组中包括Shaper工具 、铅笔工具 、平滑工具 、路径橡皮擦工具 和连接工具 5种工具。其中，Shaper工具和铅笔工具主要用于绘图和编辑，而平滑工具、路径橡皮擦工具和连接工具多用于辅助绘图。下面将对此进行介绍。

1. Shaper 工具

Shaper工具可以将用户手绘的形状转换为基本图形，还可以合并或删除图形重叠的部分，制作出复杂的效果。选中Shaper工具 ，在图像编辑窗口中绘制形状，即可自动将其转换为标准的基本图形，如图2-33、图2-34所示。

学习笔记

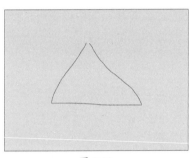

图 2-33

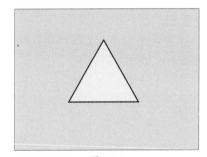

图 2-34

2. 铅笔工具

铅笔工具可以非常便捷地绘制路径。选择该工具后在图像编辑窗口中按住鼠标左键拖动即可绘制路径。若想对铅笔工具的选项进行修改，可以双击工具箱中的铅笔工具 ，打开"铅笔工具选项"对话框，如图2-35所示。在该对话框中设置参数后单击"确定"按钮，即可应用设置。

"铅笔工具选项"对话框中部分常用选项的作用如下。

● **保真度：** 控制曲线偏离鼠标原始轨迹的程度，保真度数值越低，得到的曲线

图 2-35

的棱角就越多；数值越高，曲线越平滑，也就越接近鼠标的原始轨迹。

- **保持选定**：用于设置绘制路径之后是否保持选中状态。
- **编辑所选路径**：用于设置是否可以对选择的路径进行编辑。

3. 平滑工具

平滑工具可以使路径变得平滑。选中路径后选择平滑工具 ✐，按住鼠标左键在需要平滑的区域拖动即可使其变平滑，如图2-36、图2-37所示。

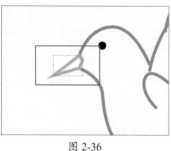 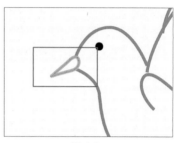

图 2-36　　　　　　　　　　　　图 2-37

4. 路径橡皮擦工具

路径橡皮擦工具可以擦除路径，使路径断开。选中路径后选择路径橡皮擦工具 ✐，按住鼠标左键在需要擦除的区域拖动即可擦除该部分，如图2-38、图2-39所示。

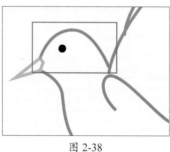 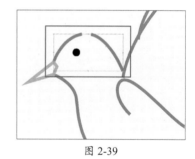

图 2-38　　　　　　　　　　　　图 2-39

5. 连接工具

连接工具可以连接两条开放的路径，还可以删除多余的路径，且保持路径原有的形状。选中连接工具 ✄，按住鼠标左键在需要连接的位置拖动即可连接路径，如图2-40、图2-41所示。

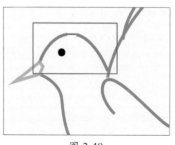 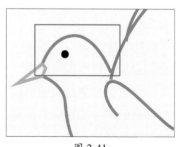

图 2-40　　　　　　　　　　　　图 2-41

若想删除路径，可以使用连接工具 ✄ 按住鼠标左键在多余路径与另一条路径相交处拖动即可删除多余的部分，如图2-42、图2-43所示。

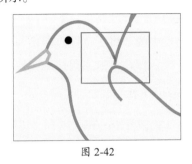

图 2-42

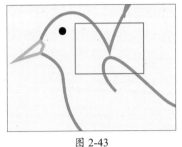

图 2-43

2.3.3 钢笔工具组

钢笔工具组中包括钢笔工具 ✎、添加锚点工具 ✎、删除锚点工具 ✎ 和锚点工具 ↖ 4种工具。其中，钢笔工具是Illustrator软件最重要的工具之一，通过钢笔工具，用户可以自由地绘制各种形状并保留极高的精确度；添加锚点工具、删除锚点工具和锚点工具则可以对路径细节进行调整。下面将针对这4种工具进行介绍。

1. 钢笔工具

钢笔工具是一个作用非常强大的工具，用户可以通过该工具绘制各种形状的路径和图形。选择该工具后在图像编辑窗口中单击可创建尖角锚点，如图2-44所示；按住鼠标左键拖动可创建平滑锚点，如图2-45所示。用户可以根据需要，创建不同的锚点，从而制作造型各异的效果。

操作技巧

使用钢笔工具绘制路径时，按住Alt键可将鼠标切换至锚点工具 ↖，从而对路径锚点进行调整；按住Ctrl键可切换至直接选择工具 ↖，选中锚点并进行操作。

图 2-44

图 2-45

2. 添加锚点工具

添加锚点工具可以在路径上添加锚点，以制作更加复杂的路径。用户可以按+键快速切换至该工具。

3. 删除锚点工具

删除锚点工具与添加锚点工具作用相反，用户可以使用该工具删除路径中的锚点，以简化路径。按"-"键可快速切换至该工具。

4. 锚点工具

锚点工具可以转换锚点类型。选中该工具后在平滑锚点上单击可将其转换为尖角锚点；在尖角锚点上按住鼠标左键拖动可将其转换为平滑锚点。

用户还可以选中锚点后通过控制栏中的"将所选锚点转换为尖角"按钮和"将所选锚点转换为平滑"按钮来实现锚点转换的操作。

课堂练习 **绘制仙人球造型**

手绘图形工具在绘制图像的过程中具有极高的自由度，用户可以根据需要自由地绘制图形。下面将以仙人球造型的绘制为例，对钢笔工具的应用进行介绍。

步骤01 打开Illustrator软件，新建一个80mm×80mm的空白文档。选择工具箱中的矩形工具，在图像编辑窗口中绘制一个与画板等大的矩形，并设置其"填色"为浅绿色（C：26，M：4，Y：47，K：0），"描边"为无，如图2-46所示。按Ctrl+2组合键锁定该矩形。

步骤02 双击工具箱中的"填色"按钮，在打开的"拾色器"对话框中设置颜色为红色（C：24，M：99，Y：99，K：0），单击"确定"按钮，选择钢笔工具绘制路径，如图2-47所示。

步骤03 选中绘制的路径，按Ctrl+C组合键复制，按Ctrl+F组合键粘贴在上方，通过定界框调整复制对象的大小，旋转角度，如图2-48所示。

图 2-46

图 2-47

图 2-48

步骤04 选中复制的对象，双击工具箱中的"填色"按钮，在打开的"拾色器"对话框中设置颜色为深红色（C：44，M：100，Y：100，K：13），单击"确定"按钮，效果如图2-49所示。

步骤05 双击工具箱中的"填色"按钮，在打开的"拾色器"对话框中设置颜色为绿色（C：63，M：17，Y：65，K：0），单击"确定"按钮；双击工具箱中的"描边"按钮，在打开的"拾色器"对话框中设置颜色为棕色（C：40，M：65，Y：90，K：35），单击"确定"按钮。选择钢笔工具绘制路径，如图2-50所示。

步骤06 在图像编辑窗口的空白处单击，取消选择任意对象。单击工具箱中的"填色"按钮切换至填色设置，单击工具箱中的"无"按钮，去除填色。使用钢笔工具绘制路径，如图2-51所示。

图 2-49

图 2-50

图 2-51

步骤 07 选中绘制的路径，在控制栏的"变量宽度配置文件"下拉列表框中选择合适的预设，效果如图2-52所示。

步骤 08 设置"填色"为无，"描边"为黄色（C：7，M：10，Y：77，K：0），使用钢笔工具 ✐ 绘制路径，并在控制栏的"变量宽度配置文件"下拉列表框中选择合适的预设，效果如图2-53所示。

步骤 09 选中新绘制的黄色路径，按Ctrl+C组合键复制，接着按Ctrl+F组合键粘贴在上方，重复一次，并通过定界框旋转角度，效果如图2-54所示。

图 2-52

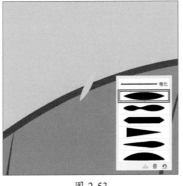

图 2-53

图 2-54

步骤 10 选中黄色路径，按Ctrl+G组合键编组，按住Alt键拖动复制，重复多次，效果如图2-55所示。

步骤 11 设置"填色"为棕色（C：35，M：60，Y：80，K：25），"描边"为无，使用钢笔工具 ✐ 绘制路径，如图2-56所示。

步骤 12 设置"填色"为浅棕色（C：43，M：64，Y：80，K：2），"描边"为无，选择斑点画笔工具 ✐ 绘制波浪效果，如图2-57所示。

图 2-55

图 2-56

图 2-57

步骤 **13** 选中新绘制的对象，按住Alt键向下拖动复制，如图2-58所示。

步骤 **14** 选中花盆部分与波浪对象，执行"窗口"|"路径查找器"命令，打开"路径查找器"面板，单击"分割"按钮 ，将其分割，如图2-59所示。

步骤 **15** 使用编组选择对象工具选择并删除多余的部分，如图2-60所示。

图 2-58　　　　　　　　　　图 2-59　　　　　　　　　　图 2-60

至此，完成仙人球造型的绘制。

2.4　橡皮擦工具组

橡皮擦工具组中包括橡皮擦工具 、剪刀工具 和美工刀 3种工具。用户可以通过这3种工具分割路径，从而制作出新的效果。下面将对此进行介绍。

2.4.1　橡皮擦工具

橡皮擦工具可以擦除矢量对象的部分内容，被擦除的对象将转换为新的路径，且自动闭合被擦除的边缘。选中要擦除的对象后选择橡皮擦工具 ，在要擦除的部分按住鼠标左键拖动即可将涂抹范围内的路径擦除，如图2-61、图2-62所示。

操作技巧

使用橡皮擦工具 擦除路径时，按住Alt键拖动鼠标可以以矩形的形式规则地擦除路径。若使用橡皮擦工具 前未选中对象，将擦除鼠标移动范围内的所有路径。

图 2-61　　　　　　　　　　图 2-62

2.4.2　剪刀工具

剪刀工具可以剪切或分割路径。选择剪刀工具 后在要剪切的

路径上单击即可打断路径，此时软件将默认选中一个打断后产生的
锚点。若对象是闭合路径，在其他位置处再次单击即可将其分割为
两部分，如图2-63、图2-64所示。

图 2-63

图 2-64

2.4.3　美工刀

美工刀可以绘制路径剪切对象，在操作上更加随意。选择美工
刀🔪后在要剪切的对象上绘制路径即可根据绘制的路径剪切对象，
如图2-65、图2-66所示。

图 2-65

图 2-66

💡 **操作技巧**

使用美工刀🔪时，按住
Alt键拖动鼠标可以用直线分
割对象。

课堂练习　**绘制胶囊图形**

橡皮擦工具组中的工具可以帮助用户剪切或分割路径，从而分别进行调整。下面将以胶囊的绘
制为例，对剪刀工具和美工刀的应用进行介绍。

步骤01 打开Illustrator软件，新建一个80mm×80mm的空白文档。选择工具箱中的矩形工具▢，
在图像编辑窗口中绘制一个与画板等大的矩形，并设置其"填色"为浅青色（C：47，M：31，
Y：0，K：0），"描边"为无，如图2-67所示。按Ctrl+2组合键锁定该矩形。

步骤02 双击工具箱中的"填色"按钮，在打开的"拾色器"对话框中设置颜色为白色，单击
"确定"按钮。选择工具箱中的圆角矩形工具▢，在图像编辑窗口中单击，打开"圆角矩形"对话
框，设置参数，如图2-68所示。

步骤03 设置完成后单击"确定"按钮，创建圆角矩形，如图2-69所示。

图 2-67　　　　　　　　　　图 2-68　　　　　　　　　　图 2-69

步骤 04 选择工具箱中的剪刀工具✂，在圆角矩形路径水平中心处单击，重复一次，剪切圆角矩形，将其均匀地分为两段，如图2-70所示。

步骤 05 选中圆角矩形的两段，选择美工刀✐，按住Alt键拖动鼠标，将圆角矩形分割，如图2-71所示。

步骤 06 选中右侧上半部分，双击工具箱中的"填色"按钮，打开"拾色器"对话框，设置颜色为橙色（C：1，M：38，Y：81，K：0），设置完成后单击"确定"按钮，效果如图2-72所示。

图 2-70　　　　　　　　　　图 2-71　　　　　　　　　　图 2-72

步骤 07 使用相同的方法，设置右侧下半部分颜色为深橙色（C：11，M：49，Y：91，K：0），左侧上半部分颜色为浅灰色（C：11，M：8，Y：8，K：0），左侧下半部分颜色为灰色（C：28，M：22，Y：21，K：0），效果如图2-73所示。

步骤 08 取消选择对象，双击工具箱中的"填色"按钮，设置为白色，使用矩形工具和椭圆形工具绘制高光，如图2-74所示。

步骤 09 选中胶囊整体，按住Shift键旋转至合适角度，如图2-75所示。

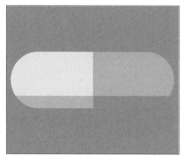

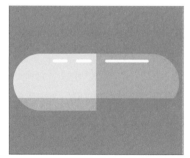

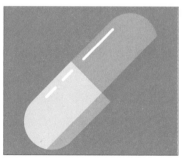

图 2-73　　　　　　　　　　图 2-74　　　　　　　　　　图 2-75

至此，完成胶囊图形的绘制。

强化训练

1. 项目名称

音乐图标设计。

2. 项目分析

图标是具有明确指代含义的计算机图形，不同的图标具有不同的内在含义。现需设计一个音乐图标。在设计音乐图标时，可将具有明显特征的钢琴琴键作为图标的主体，结合五线谱，制作出具有音乐气息的图标。

3. 项目效果

项目效果如图2-76所示。

图 2-76

4. 操作提示

①绘制图形，并进行调整，制作基本造型。

②添加内发光效果和投影效果。

③修剪并调整图形。

第3章

对象的组织

内容导读

在Illustrator软件中，用户可以通过编辑对象，更好地管理、处理对象。常见的对象编辑操作包括选取对象、变换对象、复制对象、删除对象、编组、变形等。本章将对此进行介绍。

要点难点

- 学会变换对象
- 掌握编辑对象的方法
- 熟练应用处理对象的高级操作

3.1 对象的变换

使用Illustrator绘图后，可以通过工具或命令变换对象，使其产生缩放、移动、旋转等变化，从而使图像效果更佳。本节将对此进行介绍。

3.1.1 对象的选取

在对对象进行编辑操作前，需要先选中对象。在Illustrator软件中，用户可以通过多种工具选择对象，如选择工具▶、直接选择工具▷等。下面将针对不同的选择工具进行介绍。

1. 选择工具

选择工具▶可以选中整体对象。选择该工具后在要选中的对象上单击即可将其选中，用户也可以按住鼠标左键拖动，拖动框覆盖区域内的对象将被选中，如图3-1、图3-2所示。

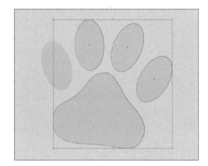

图 3-1   图 3-2

2. 直接选择工具

直接选择工具▷可以直接选中路径上的锚点或路径段。选择该工具后在要选中的对象锚点或路径段上单击，即可将其选中。被选中的锚点呈实心状，并显示出路径上该锚点及相邻锚点的控制手柄，以便于调整，如图3-3、图3-4所示。

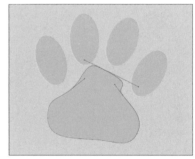

图 3-3   图 3-4

3. 编组选择工具

编组选择工具▷可以选中编组中的对象。选择该工具后在编组中

要选择的对象上单击即可选中该对象。再次单击将选中对象所在的
分组。

4. 魔棒工具

魔棒工具可用于选择具有相似属性的对象，如填充、描边等。
双击工具箱中的魔棒工具，在弹出的"魔棒"面板中可以设置要选
择的属性，如图3-5所示。

图 3-5

5. 套索工具

套索工具可以通过套索创建选择的区域，区域内的对象将被
选中。选择该工具后在图像编辑窗口中按住鼠标左键拖动即可创建
区域。

3.1.2 对象的缩放、移动和镜像

在使用Illustrator软件绘图的过程中，根据绘图需要，用户可以
选择缩放、移动或镜像对象，制作特殊的展示效果。下面将对此进
行介绍。

1. 缩放

在Illustrator软件中，缩放对象有多种方式。用户可以选中对象
后，通过定界框调整对象大小；也可以选择比例缩放工具缩放对
象。选中对象后选择比例缩放工具，在图像编辑窗口中任意位置
按住鼠标左键拖动即可缩放对象。

除了以上方式外，用户还可以选中对象后在控制栏、"属性"面
板或"变换"面板中更改对象的宽度和高度参数以更加精确地设置
对象缩放。

2. 移动

针对Illustrator软件中的对象，用户可以根据需要将其移动至合
适的位置。选中需要移动的对象，按住鼠标左键拖动至目标位置，
释放鼠标即可。若想更加精确地移动对象，可以双击选择工具或
执行"对象"|"变换"|"移动"命令，打开"移动"对话框，如图3-6

所示。在该对话框中设置参数后单击"确定"按钮，即可根据设置移动对象。

图 3-6

3. 镜像

镜像工具可以翻转对象。选中对象后选择镜像工具 ▷◁，在图像编辑窗口中单击确定镜像轴起点，移动鼠标至合适位置单击确定镜像轴终点，即可以这两点之间的连线为镜像轴翻转对象。

若想更加精确地镜像对象，可以双击镜像工具 ▷◁ 或执行"对象"|"变换"|"对称"命令，打开"镜像"对话框，如图3-7所示。在该对话框中设置镜像参数后单击"确定"按钮，即可根据设置镜像对象。

图 3-7

3.1.3 对象的旋转和倾斜变形

通过旋转和倾斜对象，可以使对象呈现更多的可能，制作特殊的效果。在Illustrator软件中，用户可以通过多种方式使对象发生旋转或倾斜，下面将对此进行介绍。

1. 旋转对象

选中要旋转的对象，移动鼠标至定界框角点处，此时鼠标呈↰状，按住鼠标左键拖动即可旋转对象，如图3-8、图3-9所示。用户也可以选择旋转工具↺或按R键切换至旋转工具，在图像编辑窗口中按住鼠标左键拖动即可旋转对象。

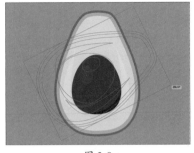

图 3-8

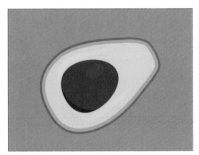

图 3-9

若想更加精确地旋转对象，可以选中旋转的对象后，双击工具箱中的旋转工具↺或执行"对象"|"变换"|"旋转"命令，打开"旋转"对话框，如图3-10所示。在该对话框中设置旋转角度后单击"确定"按钮，即可按照设置旋转对象。

图 3-10

操作技巧

按R键切换至旋转工具↺，按住Alt键移动旋转中心点至合适位置，释放鼠标后也可打开"旋转"对话框进行精确的设置。

2. 倾斜对象

选中要倾斜的对象，双击工具箱中的倾斜工具☞或执行"对象"|"变换"|"倾斜"命令，打开"倾斜"对话框，如图3-11所示。在该对话框中设置参数后单击"确定"按钮，即可根据设置倾斜对象，如图3-12所示。

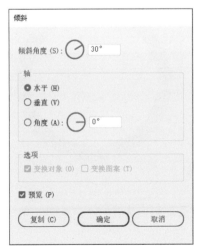

图 3-11

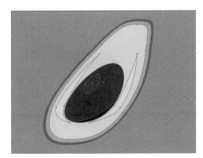

图 3-12

知识拓展

若想变换对象，还可以通过"变换"面板实现。执行"窗口"|"变换"命令，打开"变换"面板，在该面板中用户可以调整对象的大小、位置、角度、倾斜度等参数，如图3-13所示。

图 3-13

课堂练习 **绘制循环利用标签**

在Illustrator软件中，旋转操作是常用的一种操作，下面将以循环利用标签的绘制为例，对旋转操作的应用进行介绍。

步骤 01 打开Illustrator软件，新建一个80mm×80mm的空白文档。选择工具箱中的矩形工具▣，在图像编辑窗口中绘制一个与画板等大的矩形，并设置其"填色"为浅绿色（C：22，M：2，Y：18，K：0），"描边"为无，如图3-14所示。

步骤 02 选择椭圆工具●，在画板中按住Shift+Alt组合键拖动鼠标左键，绘制正圆，并设置其"填色"为绿色（C：85，M：10，Y：100，K：10），"描边"为无，如图3-15所示。

步骤 03 选中绘制的正圆，按Ctrl+C组合键复制，按Ctrl+F组合键粘贴在上方，并设置其"填色"为白色，如图3-16所示。

| 图 3-14 | 图 3-15 | 图 3-16 |

步骤 04 选择星形工具☆，在画板中合适位置单击，打开"星形"对话框，设置参数，如图3-17所示。

步骤 05 设置完成后单击"确定"按钮，创建五角星形，如图3-18所示。

步骤 06 选中星形，移动鼠标至定界框角点处，按住Shift键拖动鼠标将其旋转180°，效果如图3-19所示。

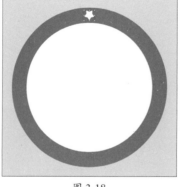

| 图 3-17 | 图 3-18 | 图 3-19 |

步骤 07 选中绘制的星形，按R键切换至旋转工具↻，按住Alt键移动星形旋转中心点至圆形圆心处，松开按键，弹出"旋转"对话框，设置"角度"为36°，如图3-20所示。

步骤 08 单击"复制"按钮，旋转并复制调整后的星形，如图3-21所示。

步骤 09 按Ctrl+D组合键再次变换，直至布满圆形一周，如图3-22所示。

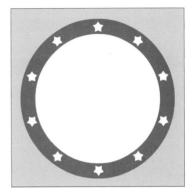

图 3-20   图 3-21   图 3-22

步骤 10 设置"填色"为绿色（C：85，M：10，Y：100，K：10），"描边"为无。使用钢笔工具绘制闭合路径，如图3-23所示。

步骤 11 选中绘制的闭合路径，按R键切换至旋转工具 ，按住Alt键移动闭合路径旋转中心点至圆形圆心处，松开按键，弹出"旋转"对话框，设置"角度"为120°，如图3-24所示。

步骤 12 单击"复制"按钮，旋转并复制闭合路径，如图3-25所示。

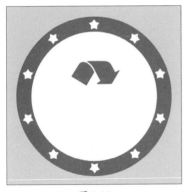

图 3-23   图 3-24   图 3-25

步骤 13 按Ctrl+D组合键再次变换，效果如图3-26所示。

步骤 14 选中闭合路径，移动至合适位置，并稍微调整角度，效果如图3-27所示。

步骤 15 选择工具箱中的文字工具 T ，在控制栏中设置"字体"为"站酷小薇LOGO体"，"大小"为21pt，在画板中合适位置单击并输入文字，如图3-28所示。

图 3-26   图 3-27   图 3-28

至此，完成循环利用标签的绘制。

3.1.4 封套扭曲对象

封套扭曲可以限定对象的形状，使其随着特定封套的变化而变化。在Illustrator软件中，用户可以通过3种方式建立封套扭曲：用变形建立、用网格建立和用顶层对象建立。下面将对此进行介绍。

1. 用变形建立封套扭曲

"用变形建立"命令可以通过预设创建封套扭曲。选中需要变形的对象，执行"对象"|"封套扭曲"|"用变形建立"命令或按Alt+Shift+Ctrl+W组合键，打开"变形选项"对话框，如图3-29所示。在该对话框中设置参数后单击"确定"按钮，即可按照设置的参数变形图形，如图3-30所示。

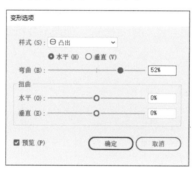

图 3-29

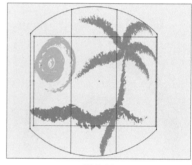

图 3-30

"变形选项"对话框中部分选项的作用如下。

- **样式：**用于选择预设的变形样式。
- **水平/垂直：**用于设置对象的扭曲方向。
- **弯曲：**用于设置弯曲程度。
- **水平扭曲：**用于设置水平方向上扭曲的程度。
- **垂直扭曲：**用于设置垂直方向上扭曲的程度。

2. 用网格建立封套扭曲

"用网格建立"命令可以通过创建矩形网格设置封套扭曲。选中需要变形的对象，执行"对象"|"封套扭曲"|"用网格建立"命令或按Alt+Ctrl+M组合键，打开"封套网格"对话框，如图3-31所示。设置网格行数和列数后单击"确定"按钮，即可创建网格。用户可以通过直接选择工具▷调整网格格点从而使对象变形，如图3-32所示。

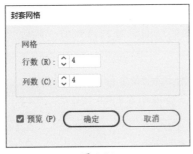

图 3-31

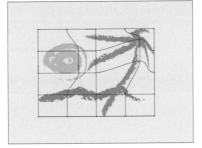

图 3-32

3. 用顶层对象建立封套扭曲

"用顶层对象建立"命令可以通过顶层对象的形状调整下方对象的形状。需要注意的是，顶层对象必须为矢量对象。

选中顶层对象和需要进行封套扭曲的对象，如图3-33所示。执行"对象"|"封套扭曲"|"用顶层对象建立"命令或按Alt+Ctrl+C组合键即可创建封套扭曲效果，如图3-34所示。

图 3-33

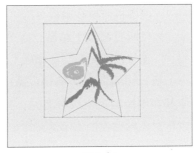

图 3-34

4. 释放或扩展封套

"释放"命令和"扩展"命令都可以删除封套扭曲效果，区别在于，"释放"命令可以创建两个单独的对象，即保持原始状态的对象和封套形状的对象；而"扩展"命令将删除封套，且使对象仍保持扭曲的形状。

3.2 对象的编辑

创建对象后，用户可以通过编辑对象，设置对象的对齐与分布、组合与取消组合、隐藏与锁定等，从而更便捷地管理对象。下面将对其进行介绍。

3.2.1 复制和删除对象

复制、剪切或删除对象是常用的操作。在Illustrator软件中，用户可以通过多种方式实现这些效果。

学习笔记

1. 复制、剪切或粘贴对象

选中要复制的对象，按住Alt键拖动即可复制该对象。除此之外，用户还可以执行"编辑"|"复制"命令或按Ctrl+C组合键复制对象，执行"编辑"|"粘贴"命令或按Ctrl+V组合键粘贴对象。

除了"粘贴"命令外，Illustrator软件中还包括多种粘贴方式，执行"编辑"命令，在其子菜单中即可看到不同的粘贴命令，如图3-35所示。

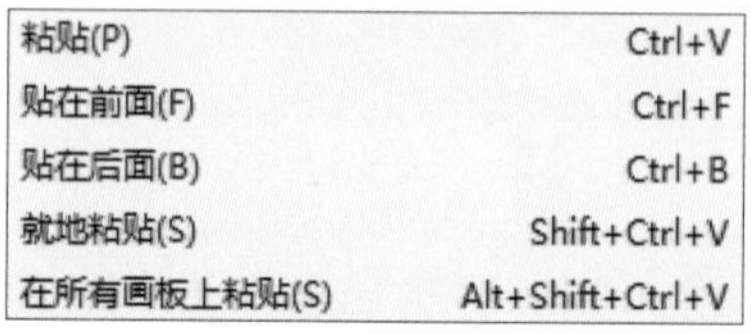

粘贴(P)	Ctrl+V
贴在前面(F)	Ctrl+F
贴在后面(B)	Ctrl+B
就地粘贴(S)	Shift+Ctrl+V
在所有画板上粘贴(S)	Alt+Shift+Ctrl+V

图 3-35

这5种粘贴命令的作用分别如下。

- **粘贴**：将对象粘贴到当前窗口的中心位置。
- **贴在前面**：将对象直接粘贴到所选对象的前面。
- **贴在后面**：将对象直接粘贴到所选对象的后面。
- **就地粘贴**：将图稿粘贴到当前画板上，粘贴后的位置与复制该图稿时所在画板上的位置相同。
- **在所有画板上粘贴**：将图稿粘贴到所有画板上，粘贴后的位置与该图稿在当前画板上的位置相同。

执行"编辑"|"剪切"命令或按Ctrl+X组合键可以剪切对象，使其在图像编辑窗口中消失。剪切对象后执行相应的粘贴命令，可以将对象粘贴在图像编辑窗口中。

2. 删除对象

若想删除文档中的对象，可以选中该对象后按Delete键、BackSpace键或执行"编辑"|"清除"命令将其删除。

3.2.2 对象的对齐和分布

对齐与分布可以使对象间的排列遵循一定的规则，从而使画面更加整洁有序。执行"窗口"|"对齐"命令，打开"对齐"面板，如图3-36所示。通过该面板中的按钮即可设置对象的对齐与分布。

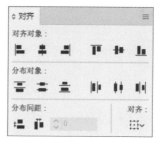

图 3-36

1. 对齐对象

"对齐对象"区域中包括6个对齐按钮，选中两个或两个以上对象后单击该区域中的对齐按钮，即可设置对象对齐。如图3-37、图3-38所示为单击"垂直居中对齐"按钮 ⬌ 前后的效果。

图 3-37

图 3-38

2. 分布对象

"分布对象"区域中包括6个分布按钮，选中3个或3个以上对象后单击该区域中的分布按钮，即可设置对象均匀分布。图3-39、图3-40所示为单击"水平居中分布"按钮 ⬌ 前后的效果。

图 3-39

图 3-40

3. 分布间距

"分布间距"区域中的按钮可以通过对象路径之间的精确距离分布对象。选中要分布的对象后使用选择工具选中关键对象，如图3-41所示。在"对齐"面板中输入间距值，单击"垂直分布间距"按钮 ⬌ 或"水平分布间距"按钮 ⬌ 即可，如图3-42所示。

图 3-41

图 3-42

4. 对齐

可以在"对齐"区域下拉列表框中选择对齐的基准，默认为"对齐所选对象"，用户也可以选择"对齐关键对象"或"对齐画板"选项。

学习笔记

3.2.3　编组

编组对象可以将多个对象合并到一个组中，便于管理与变换。选中要编组的对象，执行"对象"|"编组"命令或按Ctrl+G组合键即可将其编组。用户可以使用编组选择工具▷选择编组内的对象。

若想取消编组，执行"对象"|"取消编组"命令或按Shift+Ctrl+G组合键即可。

3.2.4　锁定与隐藏对象

创建较为复杂的作品时，用户可以选择将暂时不需要的对象隐藏或锁定，以避免误操作。结束制作后再解锁或显示对象即可。

1. 锁定与解锁对象

锁定对象后该对象就不会被选中或编辑。选中要锁定的对象，执行"对象"|"锁定"|"所选对象"命令或按Ctrl+2组合键，即可锁定选择对象。此时"图层"面板中该对象对应的图层中出现🔒图标，如图3-43所示。若想解锁该对象，单击"图层"面板中的"切换锁定"按钮🔒即可，解锁后对象可被选中或编辑，如图3-44所示。

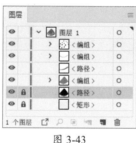

图 3-43　　　　　　　　　　　图 3-44

若想解锁文档中的所有锁定对象，可以执行"对象"|"全部解锁"命令或按Ctrl+Alt+2组合键实现该操作。

2. 隐藏与显示对象

隐藏对象后该对象不可见、不可选中也不能被打印出来。选中要隐藏的对象，执行"对象"|"隐藏"|"所选对象"命令或按Ctrl+3组合键即可隐藏所选对象，如图3-45所示。执行"对象"|"显示全部"命令或按Ctrl+Alt+3组合键即可显示所有隐藏的对象，如图3-46所示。

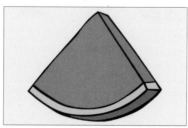

图 3-45　　　　　　　　　　　图 3-46

制作画册内页

使用Illustrator软件设置作品时，通过对齐、复制等操作，可以使画面更加整洁，工作效率更高。下面将以画册内页的制作为例，对对象的编辑操作进行介绍。

步骤 01 新建一个A3大小的横版空白文档，使用矩形工具绘制一个210mm×297mm的矩形，并设置其"描边"为无。执行"窗口"|"渐变"命令，打开"渐变"面板，单击"渐变"按钮■，添加渐变效果，如图3-47所示。

步骤 02 选中绘制的矩形，双击"渐变"面板中左侧的"渐变滑块"⬚，在弹出的面板中设置颜色（C：0，M：0，Y：0，K：20），如图3-48所示。

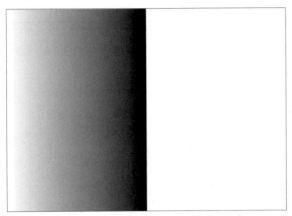

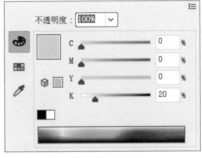

图 3-47   图 3-48

步骤 03 此时，矩形效果如图3-49所示。按Ctrl+2组合键锁定矩形。

步骤 04 执行"文件"|"置入"命令，打开"置入"对话框，选中要置入的素材文件，取消选中"链接"复选框，如图3-50所示。

图 3-49   图 3-50

步骤 05 单击"置入"按钮，在画板中单击置入素材文件，如图3-51所示。

步骤 06 选中置入的素材，缩放至合适大小，如图3-52所示。

图 3-51

图 3-52

步骤 07 选中右侧的3个方形素材，执行"窗口"|"对齐"命令，打开"对齐"面板，设置对齐为"对齐所选对象"，单击该面板中的"水平居中对齐"按钮■和"垂直居中分布"按钮■，调整对齐并均匀分布，如图3-53所示。

步骤 08 选中最大的素材对象和带有文字的素材对象，单击"对齐"面板中的"水平左对齐"按钮■，设置其向左对齐，如图3-54所示。

图 3-53

图 3-54

步骤 09 选择下方素材，单击"对齐"面板中的"垂直底对齐"按钮■，设置其底对齐，效果如图3-55所示。

步骤 10 选中下方中部素材和左上方素材，单击"对齐"面板中的"水平右对齐"按钮■，设置其向右对齐，如图3-56所示。

图 3-55

图 3-56

步骤 **11** 选中所有素材，按Ctrl+G组合键编组。在"对齐"面板中设置对齐为"对齐画板"，单击"水平居中对齐"按钮 ，设置编组对象与画板水平居中对齐，效果如图3-57所示。

步骤 **12** 选中编组对象，执行"窗口"|"透明度"命令，打开"透明度"面板，设置混合模式为"正片叠底"，如图3-58所示。

图 3-57

图 3-58

步骤 **13** 此时画板中效果如图3-59所示。

步骤 **14** 设置"填色"为棕色（C：25，M：39，Y：46，K：0），选择工具箱中的文字工具 T，在控制栏中设置"字体"为"仓耳渔阳体"，"字体样式"为W05，"大小"为14pt，在画板中合适位置单击并输入文字，重复一次，效果如图3-60所示。

图 3-59

图 3-60

至此，完成画册内页的制作。

3.3 对象的高级操作

在编辑对象的过程中，用户可以通过对象变形工具使对象发生变形，得到更具特色的效果；也可以使用混合工具在多个矢量对象间制作过渡的效果；还可以通过"路径查找器"面板分割或合并对象。本节将针对这些操作进行介绍。

3.3.1　对象变形工具

对象变形工具可以改变路径的显示，使其呈现独特的视觉效果。下面将针对这些工具的作用进行介绍。

1. 宽度工具

宽度工具可以调整路径描边的宽度，使其展现不同的宽度效果。选择宽度工具 🖋，移动至要改变宽度的路径上，待鼠标指针变为 ▸ 形状时，按住鼠标左键拖动即可调整路径描边，图3-61、图3-62所示为调整前后对比效果。

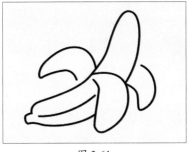

图 3-61　　　　　　　　图 3-62

2. 变形工具

变形工具可以通过鼠标移动制作出图形变形的效果。选择变形工具 🔨，在要变形的对象上按住鼠标左键拖动，即可使对象产生变形的效果，如图3-63所示。双击工具箱中的变形工具 🔨，打开"变形工具选项"对话框，如图3-64所示。在该对话框中可以对变形工具画笔的尺寸、变形选项等参数进行设置，完成后单击"确定"按钮即可。

图 3-63　　　　　　　　图 3-64

3. 旋转扭曲工具

旋转扭曲工具可以使对象产生旋转扭曲变形效果。选择旋转扭曲工具，在要变形的对象上按住鼠标左键即可产生旋转扭曲效果，如图3-65所示。用户也可以按住鼠标左键拖动，鼠标划过的地方均会产生旋转扭曲的效果，如图3-66所示。

操作技巧

在应用旋转扭曲工具 时，按住鼠标左键停留的时间越长，扭曲程度越高。

图 3-65

图 3-66

4. 缩拢工具

缩拢工具可以使对象向内收缩产生变形的效果。选择缩拢工具，在要变形的对象上按住鼠标左键即可产生缩拢变形的效果，如图3-67所示。用户也可以按住鼠标左键拖动，鼠标划过的地方均会产生缩拢变形的效果，如图3-68所示。

操作技巧

在应用缩拢工具 时，按住鼠标左键停留的时间越长，扭曲程度越高。

图 3-67

图 3-68

5. 膨胀工具

膨胀工具与缩拢工具作用相反，该工具可以使对象向外膨胀产生变形的效果。选择膨胀工具，在要变形的对象上按住鼠标左键即可产生膨胀变形的效果，如图3-69所示。用户也可以按住鼠标左键拖动，鼠标划过的地方均会产生膨胀变形的效果，如图3-70所示。

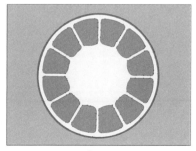
图 3-69

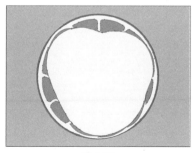
图 3-70

6. 扇贝工具

扇贝工具可以使对象向某一点集中产生锯齿变形的效果。选择扇贝工具 ▤，在要变形的对象上按住鼠标左键即可产生扇贝变形的效果，如图3-71所示。用户也可以按住鼠标左键拖动，鼠标划过的地方均会产生扇贝变形的效果，如图3-72所示。

图 3-71   图 3-72

7. 晶格化工具

晶格化工具和扇贝工具类似，都可以制作出锯齿变形的效果，不同的是，晶格化工具是使对象从某一点向外膨胀产生锯齿变形的效果。选择晶格化工具 ▤，在要变形的对象上按住鼠标左键即可产生晶格化变形的效果，如图3-73所示。用户也可以按住鼠标左键拖动，鼠标划过的地方均会产生晶格化变形的效果，如图3-74所示。

 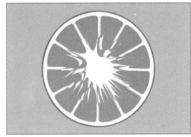

图 3-73   图 3-74

8. 褶皱工具

褶皱工具可以使对象边缘产生波动制作出褶皱的效果。选择褶皱工具 ▤，在要变形的对象上按住鼠标左键即可产生褶皱变形的效果，如图3-75所示。用户也可以按住鼠标左键拖动，鼠标划过的地方均会产生褶皱变形的效果，如图3-76所示。

 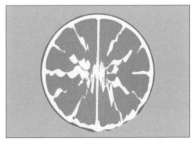

图 3-75   图 3-76

3.3.2　混合对象

混合可以在两个及两个以上的对象之间平均分布形状以创建平滑的过渡效果。下面将针对混合的创建与设置进行介绍。

1. 创建混合

在Illustrator软件中，用户可以通过"混合"命令或混合工具创建混合效果。选择混合工具 ，在要创建混合的对象上依次单击即可创建混合效果，如图3-77、图3-78所示。选中要创建混合的对象，执行"对象"|"混合"|"建立"命令，也可以实现相同的效果。

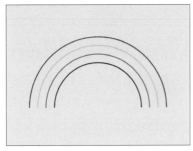

图 3-77

图 3-78

2. 混合选项

"混合选项"对话框中的选项可以设置混合的步骤数或步骤间的距离。双击混合工具 或执行"对象"|"混合"|"混合选项"命令，打开"混合选项"对话框，如图3-79所示。

图 3-79

该对话框中部分选项作用如下。

- **间距**：用于设置要添加到混合的步骤数，包括"平滑颜色""指定的步数"和"指定的距离"3种选项。其中，"平滑颜色"选项将自动计算混合的步骤数；"指定的步数"选项可以设置在混合开始与混合结束之间的步骤数；"指定的距离"选项可以设置混合步骤之间的距离。
- **取向**：用于设置混合对象的方向，包括"对齐页面" 和"对齐路径" 两种选项。

3. 调整混合对象的堆叠顺序

混合对象具有堆叠顺序，若想改变混合对象的堆叠顺序，可以

选中混合对象后执行"对象"|"混合"|"反向堆叠"命令，即可改变混合对象的堆叠顺序，如图3-80、图3-81所示。

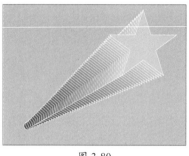

图 3-80　　　　　　　　　　　图 3-81

4. 混合轴

混合轴是混合对象中各步骤对齐的路径，一般来说，混合轴是一条直线。用户可以使用直接选择工具 ▷ 调整混合轴，以改变混合效果，如图3-82、图3-83所示。

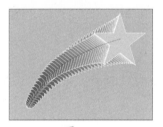

图 3-84

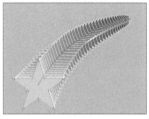

图 3-85

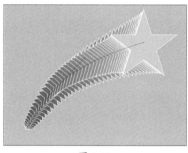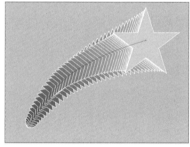

图 3-82　　　　　　　　　　　图 3-83

若文档中存在其他路径，用户还可以选中路径和混合对象后执行"对象"|"混合"|"替换混合轴"命令，使用选中的路径替换混合轴。

5. 释放或扩展混合

"释放"命令和"扩展"命令都可以删除混合效果，不同之处在于"释放"命令将删除混合对象并恢复至原始对象状态，如图3-86所示；而"扩展"命令可将混合对象分割为一系列的整体，如图3-87所示。

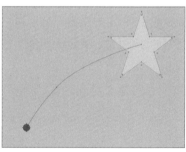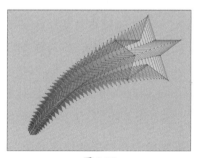

图 3-86　　　　　　　　　　　图 3-87

3.3.3 编辑路径对象

执行"对象"|"路径"命令，在其子菜单中可以看到多个与路径有关的命令，如图3-88所示。通过这些命令，可以更好地帮助用户编辑路径对象。下面将针对部分常用的命令进行介绍。

 学习笔记

连接(J)	Ctrl+J
平均(V)...	Alt+Ctrl+J
轮廓化描边(U)	
偏移路径(O)...	
反转路径方向(E)	
简化(M)...	
添加锚点(A)	
移去锚点(R)	
分割下方对象(D)	
分割为网格(S)...	
清理(C)...	

图 3-88

1. 连接

"连接"命令可以连接两个锚点，从而闭合路径或将多个路径连接到一起。选中要连接的锚点，执行"对象"|"路径"|"连接"命令或按Ctrl+J组合键即可连接路径，如图3-89、图3-90所示。

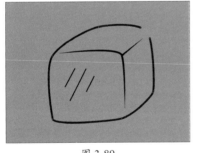

图 3-89

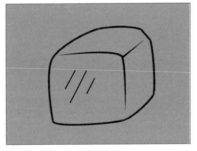

图 3-90

2. 平均

"平均"命令可以使选中的锚点排列在同一水平线或垂直线上。选中路径，执行"对象"|"路径"|"平均"命令或按Alt+Ctrl+J组合键，在弹出的"平均"对话框中设置排列轴即可。

3. 轮廓化描边

"轮廓化描边"命令是一项非常实用的命令，该命令可以将路径描边转换为独立的填充对象，以便单独进行设置。选中带有描边的对象，执行"对象"|"路径"|"轮廓化描边"命令，即可将路径转换为轮廓，如图3-91、图3-92所示。

图 3-91   图 3-92

4. 偏移路径

"偏移路径"命令可以使路径向内或向外偏移指定距离，且原路径不会消失。选中要偏移的路径，执行"对象"|"路径"|"偏移路径"命令，打开"偏移路径"对话框，如图3-93所示。在该对话框中设置偏移的距离和连接方式后单击"确定"按钮，即可按照设置偏移路径，如图3-94所示。

图 3-93   图 3-94

5. 简化

"简化"命令可以通过减少路径上的锚点减少路径细节。选中要简化的对象，执行"对象"|"路径"|"简化"命令，打开"简化"对话框，如图3-95所示。在该对话框中设置参数后单击"确定"按钮，即可按照设置简化路径，如图3-96所示。

 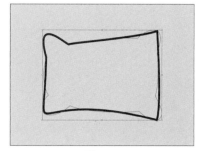

图 3-95   图 3-96

"简化"对话框中部分选项作用如下。

- **简化曲线**：用于设置简化路径和原路径的接近程度，数值越大越接近。
- **角点角度阈值**：用于设置角的平滑度。若角点的角度小于角度阈值，将不更改该角点。如果曲线精度值低，该选项将保持角锐利。
- **转换为直线**：选中该复选框可以在对象的原始锚点间创建直线。
- **显示原始路径**：选中该复选框将显示原始路径。

6. 分割为网格

　　"分割为网格"命令可以将对象转换为矩形网格。选中对象，执行"对象"|"路径"|"分割为网格"命令，打开"分割为网格"对话框，如图3-97所示。在该对话框中设置参数后单击"确定"按钮，即可将对象转换为网格，如图3-98所示。

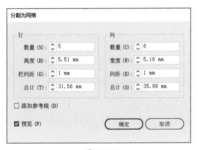

图 3-97　　　　　　　　　　图 3-98

　　"分割为网格"对话框中部分选项作用如下。

- **数量**：用于设置网格行和列的数量。
- **高度**：用于设置网格单行的高度或单列的宽度。
- **栏间距**：用于设置网格行与行、列与列之间的距离。

7. 清理

　　"清理"命令可以删除文档中常被忽视的游离点、未上色对象或空文本路径。执行"对象"|"路径"|"清理"命令，打开"清理"对话框，根据需要选择要删除的对象即可，如图3-99所示。

图 3-99

3.3.4　路径查找器

"路径查找器"面板中的按钮可以对重叠的对象进行指定的运算从而得到新的图形效果。执行"窗口"|"路径查找器"命令，即可打开"路径查找器"面板，如图3-100所示。

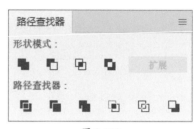

图 3-100

该面板中各按钮作用如下。

- **联集**🔳：单击该按钮将合并选中的对象并保留顶层对象的上色属性。
- **减去顶层**🔳：单击该按钮将从最后面的对象中减去最前面的对象。
- **交集**🔳：单击该按钮将保留重叠区域。
- **差集**🔳：单击该按钮将保留未重叠区域。
- **分割**🔳：单击该按钮可以将一份图稿分割成由组件填充的表面（表面是未被线段分割的区域）。
- **修边**🔳：单击该按钮将删除已填充对象被隐藏的部分，删除所有描边，且不会合并相同颜色的对象。
- **合并**🔳：单击该按钮将删除已填充对象被隐藏的部分，删除所有描边，且合并具有相同颜色的相邻或重叠的对象。
- **裁剪**🔳：单击该按钮可将图稿分割成由组件填充的表面，删除图稿中所有落在最上方对象边界之外的部分，且会删除所有描边。
- **轮廓**🔳：单击该按钮可将对象分割为其组件线段或边缘。
- **减去后方对象**🔳：单击该按钮将从最前面的对象中减去后面的对象。

课堂练习　设计机械标志

标志是生活中非常常见的一种平面作品，通过Illustrator软件，用户可以很好地设计标志。下面将以机械标志的设计为例，对旋转、轮廓化描边等操作的应用进行介绍。

步骤 01 打开Illustrator软件，新建一个80mm×80mm的空白文档。选择工具箱中的矩形工具🔳，在图像编辑窗口中绘制一个与画板等大的矩形，并设置其描边为无。执行"窗口"|"渐变"命令，打开"渐变"面板，单击"渐变"按钮🔳，单击"径向渐变"按钮🔳，添加渐变效果，如图3-101所示。

步骤 02 选中矩形，双击"渐变"面板中左侧"渐变滑块"🔳，在弹出的面板中设置颜色（C：0，M：0，Y：0，K：5），如图3-102所示。

步骤 03 双击右侧"渐变滑块" ，在弹出的面板中设置颜色（C：0，M：0，Y：0，K：15），
如图3-103所示。

图 3-101

图 3-102

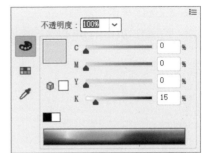

图 3-103

步骤 04 此时，矩形效果如图3-104所示。按Ctrl+2组合键锁定矩形。

步骤 05 选择工具箱中的椭圆工具 ，在图像编辑窗口中单击，打开"椭圆"对话框，设置"宽
度"和"高度"均为35mm，如图3-105所示。

步骤 06 单击"确定"按钮创建正圆。选中绘制的正圆，在控制栏中设置其填充色为无，描边为
深灰色（C：0，M：0，Y：0，K：90），粗细为18pt，效果如图3-106所示。

图 3-104

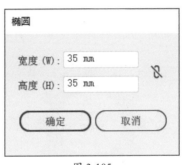

图 3-105

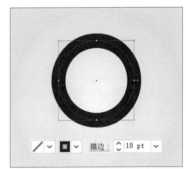

图 3-106

步骤 07 选中绘制的正圆，执行"对象"|"路径"|"轮廓化描边"命令，将路径转换为轮廓，
如图3-107所示。

步骤 08 选择矩形工具 ，在画板中按住鼠标左键拖动绘制矩形，在控制栏中设置其填充为深灰
色（C：0，M：0，Y：0，K：90），描边为无，效果如图3-108所示。调整矩形与圆形垂直居中对齐。

步骤 09 使用直接选择工具 选中矩形左下角锚点，按键盘上的←键两次。使用相同的方法，选
中矩形右下角锚点，按键盘上的→键两次，效果如图3-109所示。

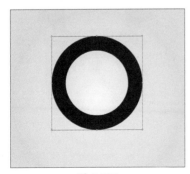

图 3-107

图 3-108

图 3-109

步骤 **10** 选中调整后的矩形，按R键切换至旋转工具 ↻，按住Alt键移动矩形旋转中心点至圆形圆心处，松开按键，弹出"旋转"对话框，设置"角度"为30°，如图3-110所示。

步骤 **11** 单击"复制"按钮，旋转并复制调整后的矩形，如图3-111所示。

步骤 **12** 按Ctrl+D组合键再次变换，直至布满圆形一周，如图3-112所示。

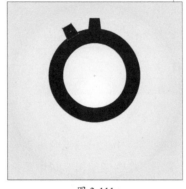

图 3-110 图 3-111 图 3-112

步骤 **13** 选中矩形和圆形，执行"窗口"|"路径查找器"命令，打开"路径查找器"面板，单击"联集"按钮 ▣，将其合并为整体，如图3-113所示。

步骤 **14** 使用直接选择工具 ▷ 选中图形对象凸出部分的锚点，如图3-114所示。

步骤 **15** 移动鼠标指针至控制点 ◉ 上，按住鼠标左键拖动制作圆角效果，如图3-115所示。

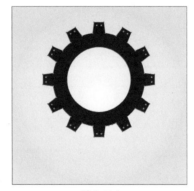

图 3-113 图 3-114 图 3-115

步骤 **16** 使用相同的方法，选中其他锚点制作较大的圆角效果，如图3-116所示。

步骤 **17** 选中图形对象，按Ctrl+C组合键复制，按Ctrl+F组合键贴在前面，并调整其大小，移动至合适位置，如图3-117所示。

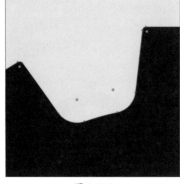

图 3-116 图 3-117

步骤 18 选中复制的对象，执行"对象"|"路径"|"偏移路径"命令，打开"偏移路径"对话框，设置参数，如图3-118所示。

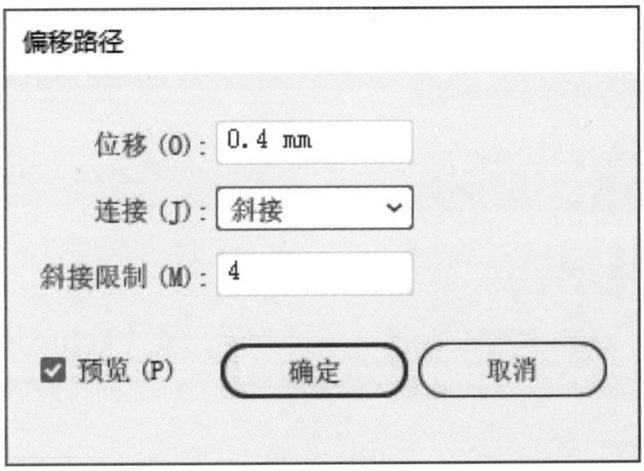

偏移路径

位移 (O)： 0.4 mm

连接 (J)： 斜接

斜接限制 (M)： 4

☑ 预览 (P)   确定   取消

图 3-118

步骤 19 设置完成后单击"确定"按钮，效果如图3-119所示。

步骤 20 选中偏移后的路径和大的图形对象，单击"路径查找器"面板中的"减去顶层"按钮 ，效果如图3-120所示。

步骤 21 使用编组选择对象工具 选择多余部分，按Delete键删除，如图3-121所示。

图 3-119

图 3-120

图 3-121

步骤 22 选择工具箱中的文字工具 **T**，在控制栏中设置字体为"站酷小薇LOGO体"，大小为30pt，在画板中合适位置单击并输入文字，如图3-122所示。

步骤 23 使用同样的方法，继续输入文字，并设置大小为11pt，如图3-123所示。

图 3-122

图 3-123

至此，完成机械标志的设计制作。

强化训练

1. 项目名称

绘制扁平化猫头鹰插画。

2. 项目分析

扁平化概念的核心在于抽象、极简和符号化，去除冗杂的装饰效果，保留基本的信息元素。现需要绘制一款扁平化猫头鹰插画。保留猫头鹰的基本特征元素，去除3D、透视等视觉效果，添加装饰物使插画更加完整。

3. 项目效果

项目效果如图3-124所示。

图 3-124

4. 操作提示

①使用矩形工具绘制背景，使用钢笔工具绘制装饰图案，并对其进行复制、调整操作。

②使用钢笔工具绘制猫头鹰基本特征元素。

③绘制树枝与树叶元素，调整图层顺序。

第4章

颜色的
填充及描边

内容导读

颜色是平面设计中不可或缺的重要元素之一。通过颜色，可以更好地展示作品，使作品更具生命力与表现力。本章将对颜色的填充进行介绍，包括单色填充、渐变填充、图案填充以及描边设置等。除此之外，还将对符号、网格工具、实时上色等进行介绍。

要点难点

- 学会填充图形对象的方法
- 学会如何设置描边
- 了解符号的应用与编辑
- 掌握颜色填充的高级操作

4.1　颜色填充

色彩是平面作品中带给观众最直观感受的元素，是最具有视觉表现力的元素之一。在Illustrator软件中，用户可以通过填充颜色，使图形更加引人注目。本节将针对颜色的填充进行介绍。

4.1.1　"颜色"面板

"颜色"面板可以为对象填充单色或设置单色描边。执行"窗口"|"颜色"命令，打开"颜色"面板，该面板可以使用不同颜色模式显示颜色值。图4-1所示为选择CMYK颜色模式的"颜色"面板。

图 4-1

选中需要填充或描边的对象，在"颜色"面板中单击"填色"按钮□或"描边"按钮◩，拖动颜色滑块▲或在色谱条中拾取颜色即可为对象添加填充或描边。图4-2、图4-3所示为添加不同填充颜色的效果。

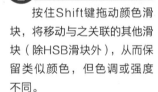

操作技巧

按住Shift键拖动颜色滑块，将移动与之关联的其他滑块（除HSB滑块外），从而保留类似颜色，但色调或强度不同。

图 4-2

图 4-3

4.1.2　"色板"面板

"色板"面板可以为对象的填色和描边添加颜色、渐变或图案。执行"窗口"|"色板"命令，即可打开"色板"面板，如图4-4所示。选中要填色或描边的对象，在"色板"面板中单击

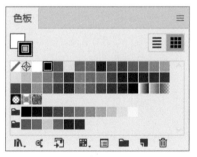

图 4-4

"填色"按钮▢或"描边"按钮▣，单击色板中的颜色、图案或渐变即可为对象添加相应的填色或描边。

"色板"面板中部分选项作用如下。

- **显示列表视图**☰：单击该按钮，可切换"色板"面板以列表视图显示，如图4-5所示。
- **"色板库"菜单**📖："色板库"中包括Illustrator软件中预设的所有颜色。单击该按钮，在弹出的下拉菜单中选择库，即可打开相应的色板库面板，图4-6所示为打开的"冰淇淋"面板。该面板使用方法与"色板"面板一致。

图 4-5

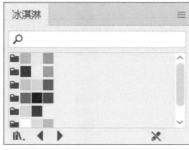

图 4-6

学习笔记

- **显示"色板类型"菜单**▦.：单击该按钮，在弹出的下拉菜单中执行命令，可以使"色板"面板中仅显示相应类型的色板。
- **色板选项**▤：单击该按钮，将打开"色板选项"对话框，如图4-7所示。用户可以在该对话框中设置色板名称、颜色类型、颜色模式等参数。

图 4-7

- **新建颜色组**▣：选择一个或多个色板后单击该按钮，可将这些色板存储在一个颜色组中。
- **新建色板**▣：选中对象，单击该按钮，在弹出的"新建色板"对话框中设置参数，单击"确定"按钮即可新建色板。要注意

操作技巧

执行"窗口"|"色板库"命令，在其子菜单中执行色板库命令，同样可以打开相应的色板库面板。

的是，选择带有颜色、渐变或图案的不同对象时单击该按钮，
打开的"新建色板"对话框也有所不同。

● **删除色板** 🗑：单击该按钮将删除选中的色板。

4.2 渐变填充 ///

渐变色在生活中非常常见。所谓渐变，即是指两种或多种颜色
之间或同一颜色的不同色调之间的逐渐混合。通过渐变，可以制作
出更加绚丽的色彩效果。本节将针对渐变的相关知识进行介绍。

4.2.1 "渐变"面板

"渐变"面板可以精确地控制渐变颜色的属性。执行"窗
口"|"渐变"命令，打开"渐变"面板，如图4-8所示。在该面板中
单击"渐变"按钮▮，即可赋予选中的对象默认的渐变色，如图4-9
所示。

图 4-8

图 4-9

"渐变"面板中部分选项作用如下。

● **渐变** ▮：单击该按钮，可赋予填色或描边渐变色。

● **填色/描边** ▮：用于选择填色或描边的渐变色并进行设置。

● **反向渐变** ▮：单击该按钮将反转渐变颜色。

● **类型：** 用于选择渐变的类型，包括"线性渐变"▮、"径向渐
变"▮和"任意形状渐变"▮3种。

● **编辑渐变：** 单击该按钮将切换至渐变工具▮，进入渐变编辑
模式。

● **描边：** 用于设置描边渐变的样式。该区域按钮仅在为描边添
加渐变时激活。

● **角度** △：用于设置渐变的角度。

● **渐变滑块** ○：双击该按钮，在弹出的面板中可设置该渐变滑
块的颜色，如图4-10所示。单击该面板中的"菜单"按钮 ≡，
在弹出的下拉菜单中选取其他颜色模式，可设置更加丰富的
颜色。图4-11所示为选择CMYK颜色模式时的效果。在Illus-

trator软件中，默认包括两个渐变滑块。若想添加新的渐变滑块，移动鼠标至渐变滑块之间单击即可添加，如图4-12所示。

图 4-10

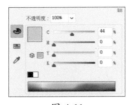
图 4-11

图 4-12

知识拓展

在Illustrator软件中，用户可以通过吸管工具快速拾取对象的填色、描边及文字属性。选中要填充颜色或添加描边的对象，选择吸管工具在目标对象上单击，即可赋予所选对象相同的填充或描边属性。若只想吸取填充颜色，可按住Shift键单击。

● **不透明度：** 用于设置选中渐变滑块的不透明度。

● **位置：** 用于设置选中渐变滑块的位置。

4.2.2 渐变工具

渐变工具结合"渐变"面板，可以更便捷地调整渐变效果。选中填充渐变的对象，选择渐变工具■，即可在该对象上方看到渐变批注者，如图4-13所示。移动鼠标至渐变批注者末端，待鼠标指针变为状时按住鼠标左键拖动可更改渐变批注者长度，从而改变渐变效果的范围，如图4-14所示。

图 4-13

图 4-14

若想更改渐变批注者角度，可以移动鼠标至渐变批注者末端，待鼠标指针变为形状时按住鼠标拖动即可改变渐变批注者角度，从而使渐变效果发生改变，如图4-15所示。此时，"渐变"面板中的"角度"参数也会改变，如图4-16所示。

操作技巧

执行"视图"|"隐藏渐变批注者"或"视图"|"显示渐变批注者"命令可以控制渐变批注者的显示和隐藏。

图 4-15

图 4-16

4.2.3 渐变类型

Illustrator软件中包括3种渐变类型：线性渐变、径向渐变和任意形状渐变。其中，线性渐变和径向渐变可应用于对象的填色和描边；任意形状渐变只能应用于对象的填色。下面将针对这3种渐变类型进行介绍。

1. 线性渐变

线性渐变可以使颜色从一点到另一点进行直线形混合。选中要添加渐变的对象，在"渐变"面板中设置渐变后单击"线性渐变"按钮■即可添加线性渐变效果，如图4-17所示。选择渐变工具■，可以对线性渐变的角度、位置和范围等进行设置，图4-18所示为设置后的效果。

图 4-17   图 4-18

2. 径向渐变

径向渐变可以使颜色从一点到另一点进行环形混合。选中要添加渐变的对象，在"渐变"面板中设置渐变后单击"径向渐变"按钮■即可添加径向渐变效果，如图4-19所示。选择渐变工具■，可以对径向渐变的焦点、原点和扩展等进行设置，图4-20所示为设置后的效果。

图 4-19   图 4-20

3. 任意形状渐变

任意形状渐变可在某个形状内使色标形成逐渐过渡的混合，以便混合看起来很平滑、自然，该渐变类型包括"点"选项和"线"选项，如图4-21所示。其中"点"选项是通过色标点控制渐变效果，如图4-22所示；"线"选项是通过点连接成线控制渐变效果。选中渐变色标点，在"渐变"面板中可对该点的不透明度、扩展等参数进行设置。

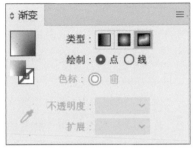

图 4-21

图 4-22

4.2.4 使用渐变库

渐变库中包括Illustrator软件预设的渐变。执行"窗口"|"色板库"|"渐变"命令，打开其子菜单，如图4-23所示。在子菜单中执行命令，即可打开相应的面板，图4-24所示为打开的"天空"面板。

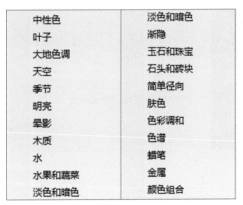

图 4-23

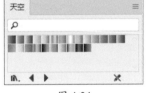

图 4-24

选中要添加渐变的对象后单击相应渐变面板中预设的渐变，即可添加该效果，如图4-25、图4-26所示。

图 4-25

图 4-26

课堂练习 **绘制插画**

渐变是日常生活和设计工作中常见的一种填色样式。用户可以通过渐变制作出特殊的效果。下面将以插画的绘制为例，对渐变的应用进行介绍。

步骤 01 新建一个80mm×60mm的空白文档。选择工具箱中的矩形工具■，在图像编辑窗口中绘制一个与画板等大的矩形，并设置其描边为无。执行"窗口"|"渐变"命令，打开"渐变"面板，单击"渐变"按钮■，单击"线性渐变"按钮■，添加渐变效果，如图4-27所示。

步骤 02 选中矩形，在"渐变"面板中设置"角度"为90°。双击"渐变"面板中左侧的"渐变滑块"○，在弹出的面板中设置颜色为粉色（C：16，M：52，Y：0，K：0），双击右侧"渐变滑块"●，在弹出的面板中设置颜色为深紫色（C：100，M：100，Y：58，K：21），在两个渐变滑块中间单击，添加渐变滑块，双击设置其颜色为蓝色（C：77，M：77，Y：0，K：0），移动其位置至65%处，如图4-28所示。

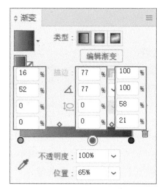

图 4-27   图 4-28

步骤 03 此时，矩形效果如图4-29所示。选中矩形，按Ctrl+2组合键将其锁定。

步骤 04 在素材文件夹中选择"树.png"文件，将其拖动至当前文档中，按住Shift键等比例调整其大小，如图4-30所示。

图 4-29   图 4-30

步骤 05 选中置入的素材对象，单击控制栏中的"描摹预设"按钮，在其下拉列表中选择"素描图稿"选项，描摹对象，单击"扩展"按钮，将其转换为矢量图形，如图4-31所示。

步骤 06 选择转换后的矢量对象，在"渐变"面板中设置渐变，如图4-32所示。

图 4-31

图 4-32

步骤 07 此时，图形效果如图4-33所示。

步骤 08 选择设置渐变的对象，按住Alt键拖动复制，如图4-34所示。选中复制对象，右击，在弹出的快捷菜单中选择"排列"|"后移一层"命令，调整顺序。

图 4-33

图 4-34

步骤 09 使用相同的方法，置入"建筑.png"素材并添加与树素材颜色一致的渐变效果，如图4-35所示。

图 4-35

步骤 10 继续置入"灌木丛.png"素材并复制，添加与建筑素材颜色一致的渐变效果，如图4-36所示。

图 4-36

步骤 11 使用椭圆工具在画板中的合适位置按住Shift键绘制正圆，如图4-37所示。

步骤 12 选中绘制的正圆，通过"渐变"面板调整渐变颜色，如图4-38所示。

图 4-37

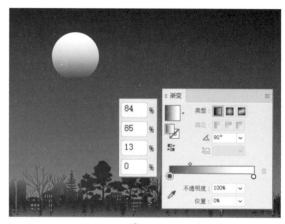

图 4-38

步骤 13 选择画笔工具✐，设置"填色"为无，"描边"为白色，"不透明度"为100%，按【键将画笔缩放至最小，在画板中单击创建星空效果，如图4-39所示。

步骤 14 调整不透明度为50%和20%，继续单击创建星空效果，如图4-40所示。

图 4-39

图 4-40

步骤15 选择圆角矩形工具，设置"填色"为白色，"描边"为无，在画板中按住鼠标左键拖动绘制圆角矩形，如图4-41所示。

步骤16 选中绘制的圆角矩形，在"渐变"面板中单击"渐变"按钮■填充渐变，并设置渐变滑块均为白色，右侧渐变滑块不透明度为0%，如图4-42所示。

图 4-41

图 4-42

步骤17 选中圆角矩形，将其旋转一定角度，如图4-43所示。

步骤18 按住Alt键拖动复制，效果如图4-44所示。

图 4-43

图 4-44

至此，完成插画效果的绘制。

4.3 图案填充

除了颜色和渐变填充外，Illustrator软件中还提供了多种图案，以帮助用户制作出更加精美的效果。下面将对此进行介绍。

4.3.1 使用图案

用户可以通过"色板"面板或执行"窗口"|"色板库"|"图

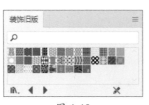

操作技巧

　　若想添加新的图案，可以选中要添加的图案对象，拖曳至"色板"面板中即可。用户也可以选中对象后执行"对象"|"图案"|"建立"命令，新建图案。

案"命令，找到预设的图案。图4-45所示为打开的"装饰旧版"面板。选中对象后单击"装饰旧版"面板中的图案，即可添加图案效果，如图4-46所示。

图 4-45　　　　　　　　　　　　　　　图 4-46

4.3.2　编辑图案

　　若要编辑图案，可以双击"色板"面板中的图案或单击"编辑图案"按钮▤，也可以执行"对象"|"图案"|"编辑图案"命令，打开"图案选项"对话框，如图4-47所示。此时，图像编辑窗口将根据"图案选项"对话框中的设置填充图案，如图4-48所示。设置完成后单击图像编辑窗口中的"完成"按钮即可应用设置。

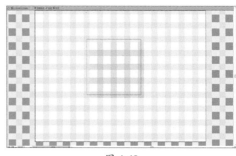

图 4-47　　　　　　　　　　　　　　　图 4-48

　　"图案选项"对话框中部分选项作用如下。

● **拼贴类型：**用于设置拼贴排列的方式，包括网格、砖形（按行）、砖形（按列）、十六进制（按列）和十六进制（按行）5种。其中，网格拼贴中每个拼贴的中心与相邻拼贴的中心均为水平和垂直对齐；砖形（按行）拼贴中拼贴呈矩形，按行排列；砖形（按列）拼贴中拼贴呈矩形，按列排列；十六进制（按列）拼贴中拼贴呈六角形，按列排列；十六进制（按行）拼贴中拼贴呈六角形，按行排列。

- **砖形位移：** 选择砖形拼贴时，用于设置相邻行中的拼贴的中心在垂直对齐时错开多少拼贴宽度或相邻列中的拼贴的中心在水平对齐时错开多少拼贴高度。

- **宽度/高度：** 用于设置拼贴的整体高度和宽度。大于图稿大小的值会使拼贴变得比图稿更大，并会在各拼贴之间插入空白；小于图稿大小的值会使相邻拼贴中的图稿进行重叠。

- **将拼贴调整为图稿大小：** 选中该复选框，可将拼贴的大小收缩到当前创建图案所用图稿的大小。

- **将拼贴与图稿一起移动：** 选中该复选框，可确保在移动图稿时拼贴也会一并移动。

- **水平间距/垂直间距：** 用于设置相邻拼贴间的距离。

- **重叠：** 用于确定相邻拼贴重叠时，哪些拼贴在前。

- **份数：** 用于设置在修改图案时，有多少行和列的拼贴可见。

- **副本变暗至：** 选中该复选框，可设置在修改图案时，预览的图稿拼贴副本的不透明度。

- **显示拼贴边缘：** 选中该复选框，可在拼贴周围显示一个框。

- **显示色板边界：** 选中该复选框，可在拼贴周围显示一个框。

课堂练习 创建圆点背景

图案可以使用户很方便地填充对象，制作出精美花纹的效果。下面将以圆点背景的创建为例，对图案的应用进行介绍。

步骤 01 新建一个80mm×60mm的空白文档。选择工具箱中的矩形工具▢，在图像编辑窗口中绘制一个与画板等大的矩形，并设置其"描边"为无，"填充"为浅橙色（C：1，M：13，Y：28，K：0），如图4-49所示。

步骤 02 选中绘制的矩形，按Ctrl+C组合键复制，按Ctrl+F组合键粘贴在上方。执行"窗口"|"色板库"|"图案"|"基本图形"|"基本图形_点"命令，打开"基本图形_点"面板，如图4-50所示。

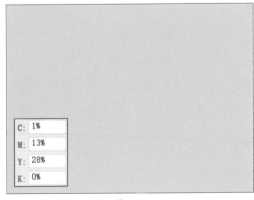

图 4-49

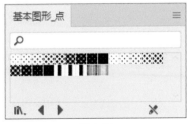

图 4-50

步骤 **03** 选中"基本图形_点"面板中的第2个图案，拖曳至图像编辑窗口中，如图4-51所示。

步骤 **04** 双击进入编组隔离模式，选中圆点设置其颜色为橙色（C：0，M：35，Y：85，K：0），如图4-52所示。

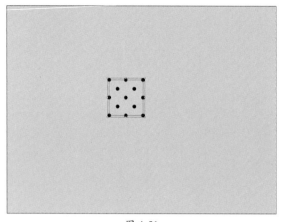

图 4-51

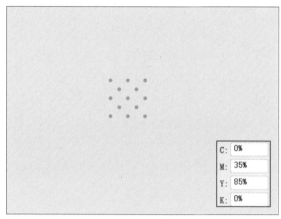

图 4-52

步骤 **05** 在空白处双击退出编组隔离模式。选择改变颜色的圆点对象，将其拖曳至"色板"面板中新建图案，如图4-53所示。

步骤 **06** 选中图像编辑窗口中的圆点，按Delete键删除。选中复制的矩形，单击"色板"面板中新建的图案，添加图案效果，如图4-54所示。

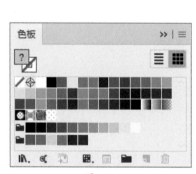

图 4-53

图 4-54

至此，完成圆点背景的创建。

4.4 描边

除了描边颜色外，在Illustrator软件中，用户还可以对描边线条样式、描边粗细、描边对齐方式等进行设置。本节将对此进行介绍。

4.4.1 "描边"面板

执行"窗口"|"描边"命令,打开"描边"面板,如图4-55所示。选中要设置描边的对象,在该面板中设置描边的粗细、端点、边角等参数,即可在图像编辑窗口中观察到效果,如图4-56所示。

图 4-55

图 4-56

"描边"面板中部分常用参数作用如下。

- **粗细:** 用于设置选中对象的描边粗细。
- **端点:** 用于设置端点样式,包括平头端点 、圆头端点 和方头端点 3种。
- **边角:** 用于设置拐角样式,包括斜接连接 、圆角连接 和斜角连接 3种。
- **限制:** 用于控制程序在何种情形下由斜接连接切换成斜角连接。
- **对齐描边:** 用于设置描边路径对齐样式。当对象为封闭路径时,可激活全部选项。
- **虚线:** 选中该复选框将激活虚线选项。用户可以输入数值设置虚线与间距的大小。
- **箭头:** 用于添加箭头。
- **缩放:** 用于调整箭头大小。
- **对齐:** 用于设置箭头与路径对齐方式。
- **配置文件:** 用于选择预设的宽度配置文件,以改变线段宽度,制作造型各异的路径效果。

4.4.2 虚线的设置

在"描边"面板中选中"虚线"复选框,即可激活虚线效果,如图4-57所示。选中路径对象在该区域设置参数后,即可看到虚线效果,如图4-58所示。

知识拓展

除了"描边"面板外,用户还可以选中对象后在控制栏中单击"描边"按钮,在弹出的"描边"面板中设置描边参数。

图 4-57   图 4-58

绘制对话框

描边是图形对象的重要参数之一，通过描边，可以使图形对象更具韵律。下面以对话框的绘制为例，对描边的应用进行介绍。

步骤 01 新建一个80mm×60mm的空白文档。选择工具箱中的矩形工具▦，在图像编辑窗口中绘制一个与画板等大的矩形，并设置其"描边"为无，"填充"为天蓝色（C：26，M：0，Y：2，K：0），如图4-59所示。按Ctrl+2组合键锁定矩形。

步骤 02 设置"前景色"为粉色（C：0，M：43，Y：22，K：0），"描边"为无，使用钢笔工具✐在画板中绘制对话框，如图4-60所示。

图 4-59   图 4-60

步骤 03 选中绘制的对话框，按Ctrl+C组合键复制，按Ctrl+F组合键粘贴在上方，设置其"填充"颜色为无，"描边"为白色，"粗细"为0.75pt，如图4-61所示。

步骤 04 选中粉色对话框，使用选择工具▶调整其定界框，将其放大并旋转一定角度，如图4-62所示。

图 4-61

图 4-62

步骤05 选中白色描边，执行"对象"|"路径"|"偏移路径"命令，打开"偏移路径"对话框，设置"位移"为-1mm，如图4-63所示。

步骤06 单击"确定"按钮，效果如图4-64所示。

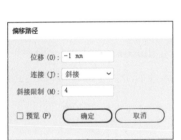

图 4-63

图 4-64

步骤07 选择偏移的路径，执行"窗口"|"描边"命令，打开"描边"面板，在该面板中设置"粗细"为0.5pt，"端点"为圆头端点，并选中"虚线"复选框，制作虚线效果，如图4-65所示。此时，画板中的效果如图4-66所示。

图 4-65

图 4-66

81

步骤 08 选择外侧描边，使用剪刀工具 ✂ 在锚点处单击，打断路径，重复多次，如图4-67所示。

步骤 09 选择打断的路径，在"描边"面板中单击"配置文件"右侧的下拉按钮，在弹出的下拉列表中选择合适的宽度配置文件预设，效果如图4-68所示。

图 4-67

图 4-68

至此，完成对话框的绘制。

4.5 使用符号

符号是一种特殊的图形，在Illustrator软件中，用户可以在文档中重复使用符号，而不会增加文件大小。下面将对此进行介绍。

4.5.1 "符号"面板

通过"符号"面板，可以进行置入符号、断开符号链接、新建符号等操作。执行"窗口"|"符号"命令，打开"符号"面板，如图4-69所示。

该面板中部分选项作用如下。

图 4-69

● **符号库菜单** ⓘ：单击该按钮，在弹出的符号库菜单中执行命令，即可打开相应的符号面板。用户也可以执行"窗口"|"符号库"命令，在其子菜单中执行命令，打开相应的符号面板。

● **置入符号实例** →：选中"符号"面板中的符号后单击该按钮，可将该符号置入画板中心。用户也可以直接将选中的符号拖曳至图像编辑窗口中进行应用。

● **断开符号链接** ⃠：单击该按钮可断开符号的链接，将其转换
   为可编辑的矢量图形。

● **符号选项** ▤：单击该按钮将打开"符号选项"对话框，在该
   对话框中可设置符号的名称、导出类型、符号类型等参数，
   如图4-70所示。

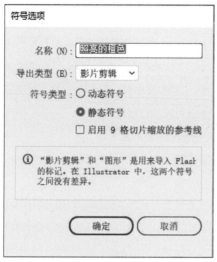

图 4-70

● **新建符号** ▤：选中要定义为符号的对象，将其拖曳至"符
   号"面板中或单击"新建符号"按钮，打开"符号选项"对
   话框，设置参数，如图4-71所示。设置完成后单击"确定"
   按钮即可在"符号"面板中看到新建的符号，如图4-72所示。

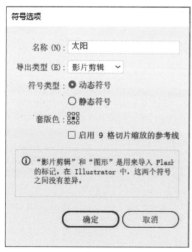

图 4-71

图 4-72

● **删除符号** ▥：选中要删除的符号，单击该按钮将删除该符号。

学习笔记

4.5.2 使用符号工具

通过符号工具，可以更便捷地使用符号，图4-73所示为展开的符号工具组。

符号工具组中各工具作用如下。

图 4-73

- **符号喷枪工具**：用于在图像编辑窗口中添加符号。选择该工具，在画板中按住鼠标左键进行拖动，鼠标经过的位置将出现所选符号。
- **符号移位器工具**：用于更改画板中绘制出的符号的位置和堆叠顺序。
- **符号紧缩器工具**：用于调整画板中绘制出的符号的密度。
- **符号缩放器工具**：用于调整画板中绘制出的符号的大小。
- **符号旋转器工具**：用于调整画板中绘制出的符号的角度。
- **符号着色器工具**：用于改变选中的符号的颜色。
- **符号滤色器工具**：用于改变选中的符号实例或符号组的透明度。
- **符号样式器工具**：将指定的图形样式应用到指定的符号实例中。

双击符号工具，将打开"符号工具选项"对话框，如图4-74所示。

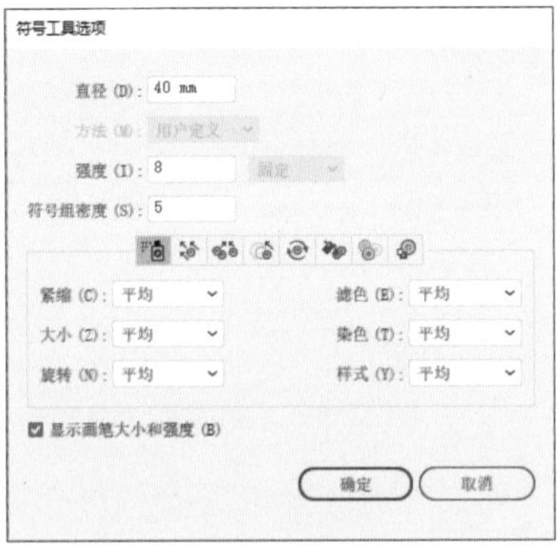

该对话框中部分选项作用如下。

- **直径**：用于设置画笔的直径，即选取符号工具后鼠标光标的形状大小。

图 4-74

- **强度**：用于设置拖动鼠标时符号图形随鼠标变化的速度，数值越大，被操作的符号图形变化得越快。
- **符号组密度**：用于设置符号集合中包含符号图形的密度，数值越大，符号集合中包含的符号图形数目越多。
- **显示画笔大小和强度**：选中该复选框，在使用符号工具时将显示画笔，否则将隐藏画笔。

4.6 网格工具

网格工具可以在矢量图形上添加网格点，再通过调整网格点参数设置整个对象的填充效果。选择网格工具，在矢量图形上单击即可添加网格点，如图4-75所示。此时网格点属于选中状态，用户可以设置网格点的颜色改变填充效果，如图4-76所示。

图 4-75

图 4-76

若想删除网格点，选择网格工具后按住Alt键在网格点上单击即可。用户也可以选中网格点后按Delete键将其删除。

4.7 实时上色

"实时上色"是一种创建彩色图画的直观方法。通过实时上色，用户可以对多个交叉对象进行上色。右击工具箱中的形状生成器工具，在弹出的工具组中即可选择实时上色工具和实时上色选择工具，如图4-77所示。

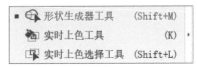
图 4-77

选中要进行实时上色的对象，选择实时上色工具在选中的对象上单击，将其转换为实时上色组，设置填色为红色，移动鼠标至要填充红色的区域单击即可在该区域填充红色，如图4-78所示。继续设置填色，在其他区域单击填充颜色，如图4-79所示。

图 4-78

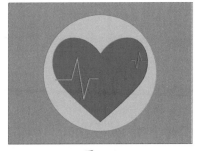
图 4-79

若想对实时上色工具 🖌 进行设置，可以双击该工具，打开"实时上色工具选项"对话框，如图4-80所示。在该对话框中可以指定实时上色工具的工作方式，即选择只对填充进行上色、只对描边进行上色还是同时对二者进行上色，以及当工具移动到表面和边缘上时如何对其进行突出显示。设置完成后单击"确定"按钮即可应用设置。

图 4-80

💡 操作技巧

使用实时上色选择工具 🖱 可以选择实时上色组中的各个表面和边缘，以便赋予其相同的颜色或描边。

创建实时上色后，用户可以通过"扩展"或"释放"命令删除实时上色组，其中"释放"命令可将实时上色组变为具有0.5pt宽描边的黑色普通路径，如图4-81所示；而"扩展"命令可将实时上色组拆分为单独的色块和描边路径，视觉效果与实时上色组一致，如图4-82所示。

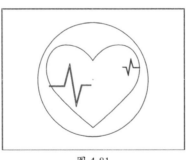

图 4-81

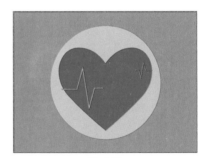

图 4-82

课堂练习 救生圈上色

通过实时上色，可以很方便地对图形的各个区域上色。下面将以救生圈的上色为例，对实时上色的应用进行介绍。

步骤 01 打开素材文件"救生圈.ai"，如图4-83所示。

步骤 02 选中所有路径，选择工具箱中的实时上色工具 🖌 ，在图形上单击创建实时上色组，如图4-84所示。此时，鼠标移动至图形上各区域时，相应区域将高亮显示。

步骤 03 设置填色为红色（C：0，M：96，Y：95，K：0），在合适区域单击填色，如图4-85所示。

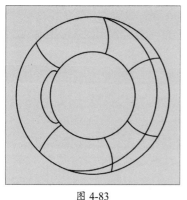 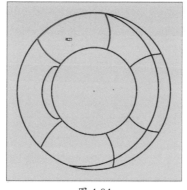 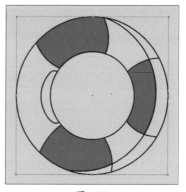

图 4-83　　　　　　　　　　图 4-84　　　　　　　　　　图 4-85

步骤 04 设置填色为深红色（C：25，M：100，Y：100，K：0），在红色阴影区域单击填色，如图4-86所示。

步骤 05 设置填色为白色，在合适区域单击填色，如图4-87所示。

步骤 06 设置填色为灰色（C：19，M：14，Y：14，K：0），在白色阴影区域单击填色，如图4-88所示。

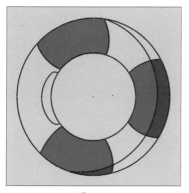 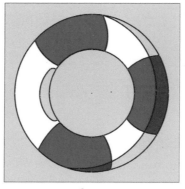 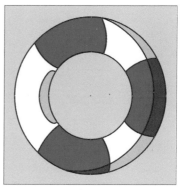

图 4-86　　　　　　　　　　图 4-87　　　　　　　　　　图 4-88

步骤 07 使用选择工具▶选中实时上色组，在控制栏中设置描边为无，效果如图4-89所示。

步骤 08 选中实时上色组，执行"效果"|"风格化"|"投影"命令，打开"投影"对话框设置参数，如图4-90所示。

步骤 09 设置完成后单击"确定"按钮，添加投影效果，如图4-91所示。

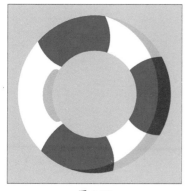  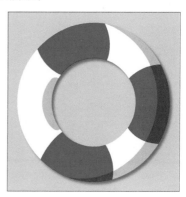

图 4-89　　　　　　　　　　图 4-90　　　　　　　　　　图 4-91

至此，完成救生圈的上色操作。

强化训练

1. 项目名称

制作服装吊牌。

2. 项目分析

吊牌是服装商品中常见的元素，一般包含一些服装材质、商品信息等元素。现需制作一款服装吊牌。通过特殊造型，增加该吊牌的第一印象；颜色选择橙蓝渐变，带给人的观感更加温柔；绘制标志，输入文字显示商品信息，使吊牌信息更加完整。

3. 项目效果

项目效果如图4-92所示。

图 4-92

4. 操作提示

①使用矩形工具和椭圆工具绘制吊牌主体，填充渐变。

②绘制标志，添加文字信息。

③绘制吊绳等元素，整体添加投影效果。

Illustrator

第 **5** 章

文本的编辑

内容导读

文本可以直白地表示设计作品的内涵，起到画龙点睛的作用。Illustrator软件具有极强的文字编辑功能，用户可以通过文字工具创建文字，再通过"字符"面板和"段落"面板进行调整。除此之外，Illustrator软件中还有专门的"文字"菜单，用于帮助用户处理文字。本章将对此进行介绍。

要点难点

- 学会如何创建文本
- 掌握编辑文本的方法
- 了解文本串接的操作

5.1 创建文本

学习笔记

文本是平面作品中的重要元素之一。通过文本信息，可以体现平面作品的主题思想，对平面作品的各项信息进行系统的解读。Illustrator软件中包括7种文字工具：文字工具T、区域文字工具、路径文字工具、直排文字工具、直排区域文字工具、直排路径文字工具及修饰文字工具。右击工具箱中的文字工具按钮，在展开的工具组中可看到这些工具，如图5-1所示。

图 5-1

其中，文字工具T、区域文字工具、路径文字工具、直排文字工具、直排区域文字工具及直排路径文字工具主要用于创建文字；修饰文字工具可以在不改变文字原有属性的前提下对单个字符进行编辑，从而达到修饰文字的效果。本节将对此进行介绍。

5.1.1 文字工具的使用

文字工具和直排文字工具都可以便捷地创建文字，区别在于文字工具可以创建沿水平方向排列的文本；而直排文字工具可以创建沿垂直方向排列的文本。这两种文字工具主要用于创建点文字和段落文字。下面将对此进行介绍。

1. 点文字

当需要输入少量文字时，就可以使用文字工具T或直排文字工具创建点文字。点文字是指从单击位置开始随着字符输入而扩展的一行横排文本或一列直排文本，输入的文字独立成行或列，不会自动换行，如图5-2所示。用户可以在需要换行的位置按Enter键进行换行，如图5-3所示。

图 5-2

图 5-3

2. 段落文字

若需要输入大量文字，就可以通过段落文字进行更好的整理与归纳。段落文字与点文字的最大区别在于段落文字被限定在文本框中，到达文本框边界时将自动换行。选择文字工具 T 或直排文字工具 IT，在图像编辑窗口中按住鼠标左键拖动创建文本框，在文本框中输入文字即可创建段落文字，如图5-4、图5-5所示。

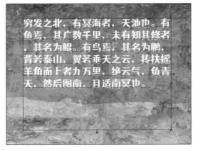

图 5-4   图 5-5

在文本框中输入文字时，文字到达文本框边界时会自动换行；修改文本框大小，框内的段落文字也会随之调整。

5.1.2 区域文字工具的使用

区域文字工具可以在矢量图形中输入文字，输入的文字将根据区域的边界自动换行。选择区域文字工具 T 或直排区域文字工具 IT，移动鼠标至矢量图形内部路径边缘上，此时鼠标指针变为 T 状，单击输入文字即可，如图5-6、图5-7所示。

图 5-6   图 5-7

5.1.3 路径文字工具的使用

路径文字工具可以创建沿着开放或封闭的路径排列的文字。水平输入文本时，字符的排列与基线平行；垂直输入文本时，字符的排列与基线垂直。下面将对此进行介绍。

1. 创建路径文字

选择路径文字工具 ✎ 或直排路径文字工具 ✎，移动鼠标至路径边缘，此时鼠标指针变为 I 状，单击将路径转换为文本路径，输入文字即可。图5-8、图5-9所示分别为路径文字工具和直排路径文字工具输入的文字。

操作技巧

若矢量图形带有描边或填色属性，Illustrator将会自动删除这些属性，并将图形对象转换为文本路径。

知识拓展

若矢量对象是封闭路径，用户也可以使用文字工具 T 或直排文字工具 IT 在封闭路径上单击创建区域文字。

若矢量对象是开放路径，用户也可以使用文字工具 T 或直排文字工具 ↓T 在开放路径上单击创建路径文字。

图 5-8　　　　　　　　　图 5-9

2. 调整路径文字起始位置

选中路径文字，移动鼠标至其起点位置，待鼠标指针变为 ▶ 状时，按住鼠标左键拖动可调整路径文字起点位置，如图5-10所示；移动鼠标至其终点位置，待鼠标指针变为 ▶ 状时，按住鼠标左键拖动可调整路径文字终点位置，如图5-11所示。

图 5-10　　　　　　　　　图 5-11

3. 翻转路径文字

在Illustrator软件中，用户可以将路径文字翻转至路径另一侧。选中路径文字，移动鼠标至路径中点标记上，按住鼠标左键拖动至路径另一侧，即可翻转路径文本，如图5-12、图5-13所示。

图 5-12　　　　　　　　　图 5-13

用户也可以通过执行"文字"|"路径文字"|"路径文字选项"命令，打开"路径文字选项"对话框，选中"翻转"复选框翻转路径文字。

4. 路径文字选项

"路径文字选项"对话框中可以设置路径文字排列效果、对齐路径的方式等。执行"文字"|"路径文字"|"路径文字选项"命令，即可打开"路径文字选项"对话框，如图5-14所示。在该对话框中设置参数后单击"确定"按钮，即可应用设置。

图 5-14

课堂练习 **制作印章效果**

文字是设计工作中必不可少的重要元素之一,在Illustrator软件中,根据文字的不同特点可以将其划分为不同的类型。下面将以印章效果的制作为例,对路径文字的应用进行介绍。

步骤 01 新建一个960像素×720像素的空白文档,执行"文件"|"置入"命令,打开"置入"对话框,选择素材文件"纸张.jpg",取消选中"链接"复选框,如图5-15所示。

步骤 02 单击"置入"按钮,在画板左上角按住鼠标左键拖动至画板右下角,置入选中的素材文件,如图5-16所示。按Ctrl+2组合键将其锁定。

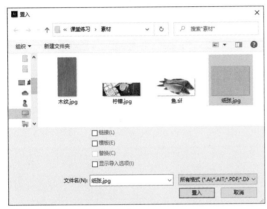

图 5-15　　　　　　　　　　　　　　　　图 5-16

步骤 03 选择椭圆工具◯,在控制栏中设置"填色"为无,"描边"为红色(C:0,M:100,Y:100,K:0),"粗细"为10pt,按住Shift键在画板中绘制正圆,如图5-17所示。

步骤 04 选中绘制的正圆,按Ctrl+C组合键复制,按Ctrl+F组合键贴在上方,按住Shift+Alt组合键使用选择工具调整定界框从中心等比例缩小正圆,在控制栏中设置描边"粗细"为3pt,如图5-18所示。

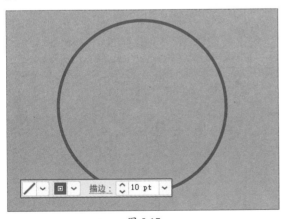
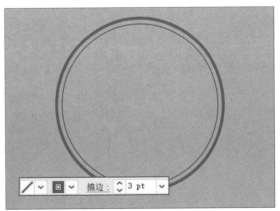

图 5-17　　　　　　　　　　　　　　　　图 5-18

步骤 05 使用相同的方法,复制并缩小正圆,如图5-19所示。

步骤 06 选择路径文字工具↩,在控制栏中设置"填色"为红色(C:0,M:100,Y:100,K:0),"描边"为无,"字体"为黑体,"字体大小"为72pt,在最内侧圆形路径上单击输入文字,如图5-20所示。

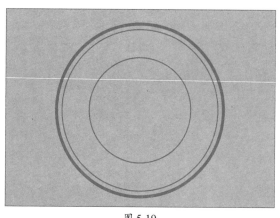

图 5-19

图 5-20

步骤 07 选中输入的文字，执行"窗口"|"文字"|"字符"命令，打开"字符"面板，设置"设置所选字符的字距调整"为200，拉大字符间距，效果如图5-21所示。

步骤 08 选中输入的文字，移动鼠标至其起点位置，待鼠标指针变为↳状时，按住鼠标左键拖动调整至起点位置，如图5-22所示。

图 5-21

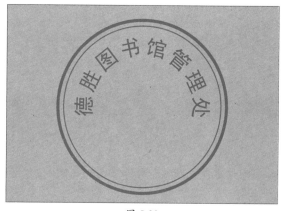

图 5-22

步骤 09 使用星形工具☆绘制一个正五角星，设置"填色"为红色，"描边"为无，如图5-23所示。

步骤 10 使用文字工具 T 输入文字，在控制栏中设置其"字体大小"为90pt，效果如图5-24所示。

图 5-23

图 5-24

至此，完成印章效果的制作。

5.2 设置与编辑文本

输入文字之前，用户可以在控制栏中设置文字的字体、字体大小、颜色等属性；也可以输入文字后，选择部分文字进行设置。下面将对此进行介绍。

5.2.1 编辑文本

编辑文本之前，首先需要选中要编辑的文本内容。使用文字工具 **T** 在文本上单击，进入文字编辑状态，如图5-25所示。按住鼠标左键拖动，即可选中部分文字，如图5-26所示。选中的文本将反白显示。此时在控制栏或"字符"面板中设置参数，即可更改选中文本的效果。

图 5-25

图 5-26

5.2.2 "字符"面板的设置

"字符"面板可以为文档中的单个字符应用格式设置选项。选中输入的文字对象，执行"窗口"|"文字"|"字符"命令，或按Ctrl+T组合键，即可打开"字符"面板，如图5-27所示。

该面板中部分常用选项作用如下。

- **设置字体系列**：在下拉列表中可以选择文字的字体。
- **设置字体样式**：设置所选字体的字体样式。
- **设置字体大小 T**：在下拉列表中可以选择字体大小，也可以输入自定义数字。
- **设置行距 △**：用于设置字符行之间的间距大小。
- **垂直缩放 T**：用于设置文字的垂直缩放百分比。
- **水平缩放 T**：用于设置文字的水平缩放百分比。

图 5-27

> **操作技巧**
>
> 使用选择工具▶在文本上单击也可进入文字编辑状态。进入文字编辑状态后按Ctrl+A组合键可全选该文字。

> **知识拓展**
>
> 在Illustrator软件中，用户可以将文字转换为一组复合路径或轮廓，从而对其进行编辑和处理。当创建文本轮廓时，字符会在其当前位置转换；这些字符仍保留着所有的文字属性，如描边和填色。选中要转换为轮廓的文字对象，右击，在弹出的快捷菜单中选择"创建轮廓"命令或执行"文字"|"创建轮廓"命令即可。

知识拓展

在Illustrator软件中，用户可以快速便捷地更改字符大小写样式。选中要更改的文字对象，执行"文字"|"更改大小写"命令，在其子菜单中执行相应的命令，即可更改字符大小写。如图5-28、图5-29所示。

图 5-28

图 5-29

其中，"大写"命令可将所有字符更改为大写；"小写"命令可将所有字符更改为小写；"词首大写"可将每个单词的首字母大写；"句首大写"可将每个句子的首字母大写。

- **设置两个字符间距微调**：用于微调两个字符间的间距。
- **设置所选字符的字距调整**：用于设置所选字符的间距。
- **比例间距**：用于设置日语字符的比例间距。
- **插入空格（左）**：用于在字符左侧插入空格。
- **插入空格（右）**：用于在字符右侧插入空格。
- **设置基线偏移**：用来设置文字与文字基线之间的距离。
- **字符旋转**：用于设置字符旋转角度。
- TT Tr T T₁ I T：用于设置字符效果，从左至右依次为全部大写字母TT、小型大写字母Tr、上标T、下标T₁、下划线I 和删除线T。

5.2.3 "段落"面板的设置

"段落"面板可以设置段落格式，包括对齐方式、段落缩进、段落间距等。选中要设置段落格式的段落，执行"窗口"|"文字"|"段落"命令，或按Ctrl+Alt+T组合键，即可打开"段落"面板，如图5-30所示。下面将针对"段落"面板中的一些设置进行介绍。

图 5-30

1. 文本对齐

"段落"面板最上方包括7种对齐方式："左对齐"、"居中对齐"、"右对齐"、"两端对齐，末行左对齐"、"两端对齐，末行居中对齐"、"两端对齐，末行右对齐"及"全部两端对齐"。这7种对齐方式的作用如下。

- **左对齐**：文字将与文本框的左侧对齐。
- **居中对齐**：文字将按照中心线和文本框对齐。
- **右对齐**：文字将与文本框的右侧对齐。
- **两端对齐，末行左对齐**：将在每一行中尽量多地排入文字，行两端与文本框两端对齐，最后一行和文本框的左侧对齐。
- **两端对齐，末行居中对齐**：将在每一行中尽量多地排入文字，行两端与文本框两端对齐，最后一行和文本框的中心线对齐。
- **两端对齐，末行右对齐**：将在每一行中尽量多地排入文字，行两端与文本框两端对齐，最后一行和文本框的右侧对齐。
- **全部两端对齐**：文本框中的所有文字将按照文本框两侧进行对齐，中间通过添加字间距来填充，文本的两侧保持整齐。

2. 段落缩进

缩进是指文本和文字对象边界间的间距量，用户可以为多个段落设置不同的缩进。在"段落"面板中，包括"左缩进" 、"右缩进" 和"首行左缩进" 3种缩进方式。选中要设置缩进的对象，在"段落"面板的缩进参数栏中输入数值即可应用缩进效果，图5-31、图5-32所示为设置首行左缩进前后的效果。

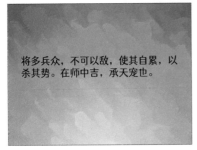

图 5-31

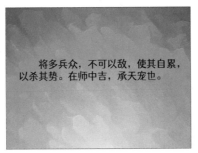

图 5-32

3. 段落间距

设置段落间距可以更加清楚地区分段落，便于阅读。在Illustrator软件中，用户可以设置"段前间距" 和"段后间距" 参数，设置所选段落与前一段或后一段的距离。选中要设置间距的对象，在"段落"面板的间距参数栏中输入数值即可设置间距，图5-33、图5-34所示为设置段前间距前后的效果。

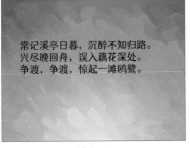

图 5-33

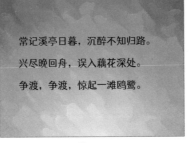

图 5-34

课堂练习 **组合文字设计**

在设计工作中，用户可以通过编辑排列文字，使文字效果更加美观，具备图形化的美感。下面将以组合文字设计为例，对文字的编辑进行介绍。

步骤 01 新建一个960像素×320像素的空白文档，执行"文件"|"置入"命令，打开"置入"对话框，选择素材文件"柠檬.jpg"，取消选中"链接"复选框，如图5-35所示。

步骤 02 单击"置入"按钮，在画板左上角按住鼠标左键拖动至画板右下角，置入选中的素材文件，如图5-36所示。按Ctrl+2组合键将其锁定。

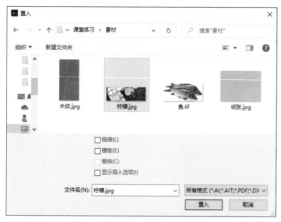

图 5-35

图 5-36

步骤 03 使用相同的方法，置入"鱼.tif"素材文件，如图5-37所示。

步骤 04 选中置入的素材文件，右击，在弹出的快捷菜单中选择"变换"|"镜像"命令，打开"镜像"对话框，设置参数，如图5-38所示。

图 5-37

图 5-38

步骤 05 设置完成后单击"确定"按钮，镜像素材对象，如图5-39所示。

图 5-39

步骤 06 选中"鱼"图像，通过定界框旋转一定角度，如图5-40所示。

图 5-40

步骤 07 使用矩形工具▢绘制一个与画板等大的矩形。按Ctrl+A组合键全选对象，右击，在弹出的快捷菜单中选择"建立剪切蒙版"命令，创建剪切蒙版，效果如图5-41所示。

步骤 08 继续绘制一个350像素×320像素的矩形，设置其"填色"为白色，"描边"为无，效果如图5-42所示。

图 5-41

图 5-42

步骤 09 选择文字工具 T ，在控制栏中设置"填色"为黑色，"描边"为无，"字体"为"汉仪行楷简"，"字体大小"为75pt，在矩形上方输入文字，如图5-43所示。

步骤 10 执行"窗口"|"文字"|"字符"命令，打开"字符"面板设置参数，如图5-44所示。

图 5-43

图 5-44

步骤 11 选中"海鲜"文字，在"字符"面板中设置其"字体大小"为160pt，使用修饰文字工具🔠分别选中文字调整位置，如图5-45所示。

步骤 12 置入素材文件"木纹.jpg"，并调整其在文字下方。选中文字与木纹素材，右击，在弹出的快捷菜单中选择"建立剪切蒙版"命令，创建剪切蒙版，效果如图5-46所示。

图 5-45

图 5-46

步骤 13 执行"窗口"|"符号库"|"污点矢量包"命令，打开"污点矢量包"面板，如图5-47所示。

步骤 14 选择第一行最右侧符号，拖曳至面板中，单击控制栏中的"断开链接"按钮，将其转换为矢量图形，并调整至合适大小，如图5-48所示。

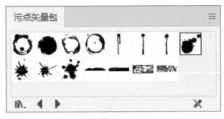

图 5-47 图 5-48

步骤15 置入素材文件"木纹.jpg",并调整其在符号下方。选中符号与木纹素材,右击,在弹出的快捷菜单中选择"建立剪切蒙版"命令,创建剪切蒙版,效果如图5-49所示。

步骤16 选择文字工具 **T**,在控制栏中设置"填色"为蓝色(C:86,M:54,Y:7,K:0),"描边"为无,"字体"为"汉仪行楷简","字体大小"为33pt,在"沙滩海鲜"文字上方输入文字,如图5-50所示。

图 5-49 图 5-50

步骤17 使用相同的方法,设置"字体"为"汉仪中黑简","字体大小"为22pt,在"沙滩海鲜"文字下方输入文字,如图5-51所示。

步骤18 使用矩形工具 绘制一个275像素×108像素的矩形,在控制栏中设置其"填色"为无,"描边"为蓝色(C:86,M:54,Y:7,K:0),"不透明度"为20%,效果如图5-52所示。

图 5-51 图 5-52

至此,完成组合文字的设计。

- -

5.3 分栏和串接文本

分栏和串接文本可以帮助用户更好地管理文本,便于阅读与查看文本。下面将对此分别进行介绍。

5.3.1 创建文本分栏

文本分栏是指将含有大段文本的文本框分为多个小文本框,以便于编排与阅读。文本分栏适用于区域文字。选中要进行分栏的文

本框，执行"文字"|"区域文字选项"命令，打开"区域文字选项"对话框，如图5-53所示。在该对话框中设置行数量或列数量，即可设置文本分栏，如图5-54所示为设置2列的效果。

图 5-53

图 5-54

5.3.2 串接文本

创建区域文字或路径文字时，若文字过多常常会出现文字溢出的情况，此时文本框或文字末端将出现溢出标记⊞，如图5-55所示。选中文本，使用选择工具▣在溢出标记▶上单击，移动鼠标至空白处，此时鼠标指针变为⊫状，单击即可创建与原文本框串接的新文本框，如图5-56所示。

用户也可以选中两个独立的文本框或文本框和矢量图形，执行"文字"|"串接文本"|"创建"命令，串接两个对象，如图5-57、图5-58所示。

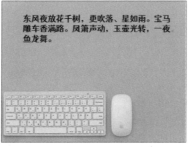

图 5-55

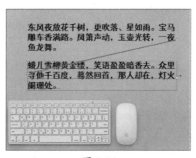

图 5-56

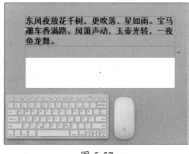

图 5-57

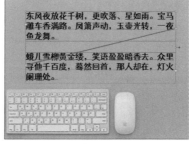

图 5-58

操作技巧

除了执行"释放所选文字"命令释放串接文字外，用户还可以在选中文本框的情况下，移动鼠标至文本框的⊞处单击，此时鼠标指针变为状，再次单击即可释放文本串接。该方法默认将后一个文本框释放为空的文本框。

知识拓展

若想解除文本框之间的串接关系且保持各文本框文本内容，可以通过"移去串接文字"命令实现。选中串接的文本框，执行"文字"|"串接文本"|"移去串接文字"命令即可。

创建串接后，若想解除文本框串接关系，使文字集中到一个文本框内，可以选中需要释放的文本框，执行"文字"|"串接文本"|"释放所选文字"命令，选中的文本框将释放文本串接变为空的文本框。

5.4　文本绕排

"文本绕排"命令可以使文本围绕着图形对象的轮廓线进行排列，制作出图文并茂的效果。在进行文本绕排时，需要保证图形在文本上方。选中文本和图形对象，执行"对象"|"文本绕排"|"建立"命令，在弹出的提示对话框中单击"确定"按钮，即可应用效果，如图5-59、图5-60所示。

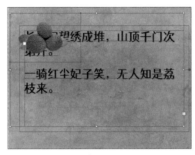
图 5-59

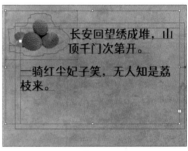
图 5-60

操作技巧

建立文本绕排的文本对象必须是文本框中的文字，不能是点文字或路径文字。

建立文本绕排的图形对象可以是任意图形、混合对象或置入的位图，但不能是链接的位图。

若想对文本绕排的参数进行设置，可以执行"对象"|"文本绕排"|"文本绕排选项"命令，打开"文本绕排选项"对话框进行设置，如图5-61所示。

图 5-61

操作技巧

创建文本绕排后，移动图像，绕排效果也随之变化。

若想取消文本绕排效果，选中绕排对象后执行"对象"|"文本绕排"|"释放"命令即可。

强化训练

1. 项目名称

制作网页广告。

2. 项目分析

网页是产品展示的舞台，一般会存放多种广告图片。现需针对即将到来的夏季进行产品推广。制作文字蒙版效果，使文字与背景图片巧妙结合；文字颜色选择画面中已有的颜色，使整个画面色调统一，具有一种和谐的美感。

3. 项目效果

项目效果如图5-62所示。

图 5-62

4. 操作提示

①置入素材文件，输入文字。

②绘制路径，创建剪切蒙版隐藏部分文字。

③为文字添加投影效果。

④输入其他文字，绘制矩形装饰。

第 **6** 章

图表的制作

内容导读

　　图表可以直观地显示数据，并展现数据之间的关联，清晰明了地传递复杂文字和语言所描述的信息，使整体内容更加严谨。在Illustrator软件中，用户可以通过多种图表工具创建图表，并对其进行编辑，本章将对此进行介绍。

要点难点

- 学会创建图表
- 熟练编辑图表
- 了解图表设计的方法

6.1 图表工具组

Illustrator软件中包括柱形图工具 ⅢⅡ、堆积柱形图工具 ⅢⅡ、条形图工具 ▤、堆积条形图工具 ▤、折线图工具 ◹、面积图工具 ◹、散点图工具 ▨、饼图工具 ◔及雷达图工具 ◈9种图表工具。长按或右击柱形图工具 ⅢⅡ，即可展开图表工具组，如图6-1所示。通过这9种图表工具，可以轻松便捷地绘制多种类型的图表。本节将对此进行介绍。

图 6-1

6.1.1 柱形图工具

柱形图是最常用的图表表示方法，柱形的高度对应数值。用户可以组合显示正值和负值，其中，正值显示为在水平轴上方延伸的柱形；负值显示为在水平轴下方延伸的柱形。

选择工具箱中的柱形图工具 ⅢⅡ，在画板中按住鼠标左键拖动绘制图表显示范围，用户也可以单击打开"图表"对话框，如图6-2所示，进行更精确的设置。设置完成后单击"确定"按钮，弹出图表数据输入框，如图6-3所示。在框中输入参数后单击"应用"按钮 ✔，即可生成相应的图表。

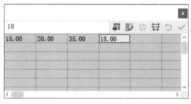

图 6-2 　　　　　　　　图 6-3

图表数据输入框中各选项作用如下。

- **导入数据** ▥：单击该按钮，将打开"导入图表数据"对话框，用户可从该对话框中选择外部文件导入数据信息。
- **换位行/列** ▥：单击该按钮，将交换横排和竖排的数据，交换后需单击"应用"按钮 ✔方能看到效果。
- **切换X/Y** ▥：单击该按钮，将调换X轴和Y轴的位置。

- **单元格样式** ⊟：单击该按钮，将打开"单元格样式"对话框，用户可以在该对话框中设置单元格小数位数和列宽度。
- **恢复** ↺：该按钮需在单击"应用"按钮 ✓之前使用，单击该按钮将使文本框中的数据恢复至前一个状态。
- **应用** ✓：单击该按钮，将应用图表数据输入框中的数据至图表。

创建图表后若想修改图表，可以选中图表在图表数据输入框中输入数值，再单击"应用"按钮 ✓即可根据输入的数值修改图表，如图6-4、图6-5所示。

操作技巧

若关闭了图表数据输入框，可以选中图表右击，在弹出的快捷菜单中选择"数据"命令或执行"对象"|"图表"|"数据"命令，重新打开图表数据输入框进行设置。

图 6-4

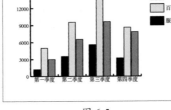

图 6-5

创建图表后若想缩放其大小，可以执行"对象"|"变换"|"缩放"命令实现。也可以选中图表后右击，在弹出的快捷菜单中选择"变换"|"缩放"命令实现。

若想设置图表的外观，可以使用直接选择工具▷或编组选择工具▷选中图表部分图形，再按照编辑图形的方法对其外观进行单独设置，如图6-6、图6-7所示。

知识拓展

为图表的标签和图例生成文本时，Illustrator将使用默认的字体和字体大小。用户可以使用编组选择工具▷单击选中文字进行更改，再次单击将选中所有文字。

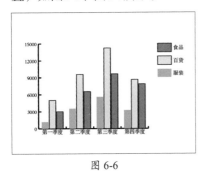

图 6-6

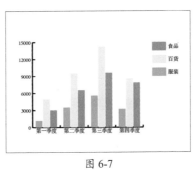

图 6-7

6.1.2 堆积柱形图工具

堆积柱形图类似于柱形图，不同之处在于柱形图只显示单一的数据比较，而堆积柱形图显示全部数据总和的比较，如图6-8所示。堆积柱形图柱形的高度对应参加比较的数值，其数值必须全部为正数或全部为负数。因此，常用堆积柱形图来表示数据总量的比较。

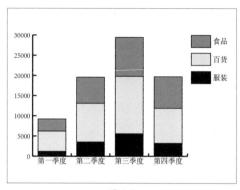

图 6-8

6.1.3 条形图工具和堆积条形图工具

条形图类似于柱形图，只是柱形图是以垂直方向上的矩形显示图表中的各组数据，而条形图是以水平方向上的矩形来显示图表中的数据，如图6-9所示。堆积条形图类似于堆积柱形图，但是堆积条形图是以水平方向的矩形条来显示数据总量的，与堆积柱形图正好相反，如图6-10所示。

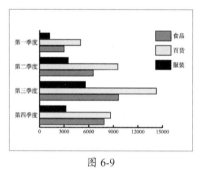

图 6-9

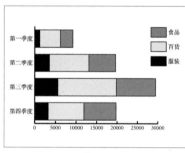

图 6-10

6.1.4 折线图工具

折线图也是一种比较常见的图表类型，该类型图表可以显示某种事物随时间变化的发展趋势，并明显地表现出数据的变化走向，给人以很直接明了的视觉效果，如图6-11所示。

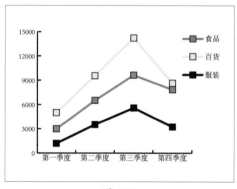

图 6-11

6.1.5 面积图工具

面积图与折线图类似，区别在于面积图是利用折线下的面积而不是折线来表示数据的变化情况，如图6-12所示。

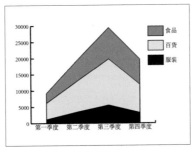

图 6-12

6.1.6 散点图工具

散点图可以将两种有对应关系的数据同时在一个图表中表现出来。散点图的横坐标与纵坐标都是数据坐标，两组数据的交叉点形成了坐标点，如图6-13、图6-14所示。

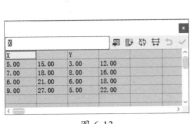

图 6-13

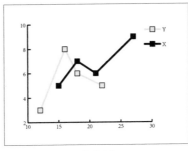

图 6-14

6.1.7 饼图工具

饼图是一种常见的图表，适用于一个整体中各组成部分的比较，该类图表应用的范围比较广。饼图的数据整体显示为一个圆，每组数据按照其在整体中所占的比例以不同颜色的扇形区域显示出来。饼图不能准确地显示出各部分的具体数值，如图6-15、图6-16所示。

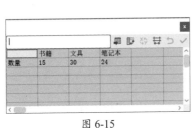

图 6-15

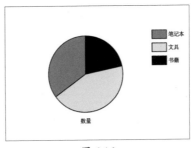

图 6-16

操作技巧

创建散点图时，在图表数据输入框第一列中输入的是Y轴数据，第二列中输入的是X轴数据。

知识拓展

制作饼图时，图表数据输入框中的每行数据都可以生成单独的图表。用户可以创建多个数据行，从而创建多个饼图，如图6-17、图6-18所示。在默认情况下，单独饼图的大小与每个图表数据的总数成比例。

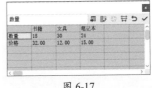

图 6-17

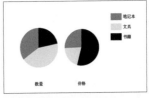

图 6-18

学习笔记

6.1.8　雷达图工具

雷达图以一种环形的形式对图表中的各组数据进行比较，形成比较明显的数据对比，该类型图表适合表现一些变化悬殊的数据，如图6-19、图6-20所示。

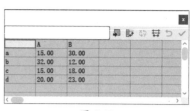
图 6-19

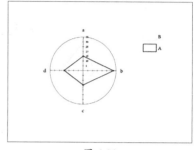
图 6-20

课堂练习　制作门店销售额图表

图表可以直观地显示数据，其中，堆积柱形图可以更好地汇总数据进行对比。下面将以门店销售额图表的制作为例，对堆积柱形图的制作与调整进行介绍。

步骤01 新建一个960像素×720像素的空白文档。使用矩形工具▢绘制一个与画板等大的矩形，并填充灰色（C：0，M：0，Y：0，K：10），效果如图6-21所示。按Ctrl+2组合键锁定矩形。

步骤02 选择堆积柱形图工具📊，在画板中按住鼠标左键拖动，绘制图表，如图6-22所示。

图 6-21　　　　　　　　　　　　　　图 6-22

步骤03 在弹出的图表数据输入框中输入数据，如图6-23所示。

步骤04 单击"应用"按钮✔，应用数据生成图表，如图6-24所示。

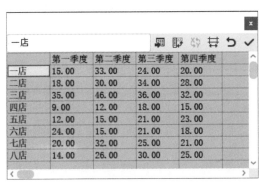

图 6-23

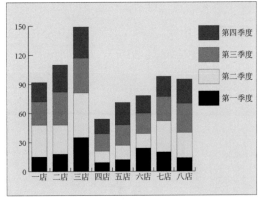

图 6-24

步骤 05 使用编组选择工具 ▷ 单击第一季度图例将其选中，再次单击选择第一季度所有柱形图，如图6-25所示。

步骤 06 执行"窗口"|"色板库"|"庆祝"命令，打开"庆祝"面板。单击该面板中的颜色色块，设置第一季度柱形图颜色，在控制栏中设置"描边"为无，效果如图6-26所示。

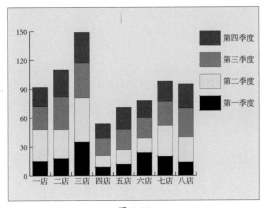

图 6-25

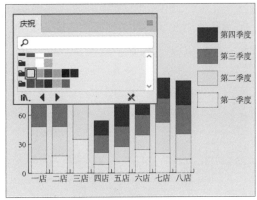

图 6-26

步骤 07 使用相同的方法，为第二季度、第三季度、第四季度柱形图分别设置同一组庆祝色中的颜色，效果如图6-27所示。

步骤 08 使用编组选择工具 ▷ 选中图例，右击，在弹出的快捷菜单中选择"变换"|"缩放"命令，打开"比例缩放"对话框，设置等比缩放80%，如图6-28所示。

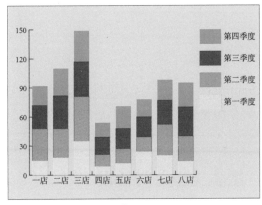

图 6-27

图 6-28

步骤09 设置完成后单击"确定"按钮，缩放图例，如图6-29所示。

步骤10 使用编组选择工具选择图表中的文字，在控制栏中设置"字体"为"黑体"，"字体大小"为21pt，效果如图6-30所示。

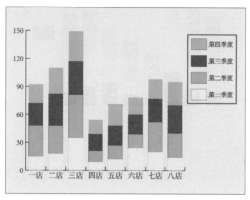

图 6-29

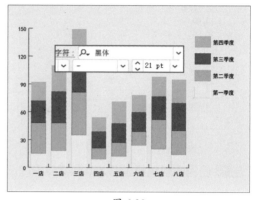

图 6-30

步骤11 使用选择工具选中整个图表▶，右击，在弹出的快捷菜单中选择"变换"|"缩放"命令，打开"比例缩放"对话框，设置等比缩放90%，单击"确定"按钮，效果如图6-31所示。

步骤12 使用文字工具在画板上方输入文字，设置"字体"为"黑体"，"字体大小"分别为36pt和18pt，效果如图6-32所示。

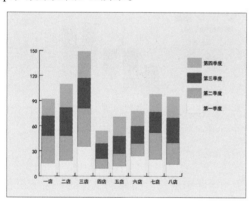

图 6-31

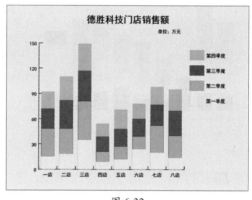

图 6-32

至此，完成门店销售额图表的制作。

📝 **学习笔记**

6.2 设置图表

在Illustrator软件中，用户可以重新编辑调整已创建的图表，如更改数据、转换图表类型等，以使其更加符合需要。下面将对此进行介绍。

6.2.1 "图表类型"对话框

通过"图表类型"对话框，用户可以更改图表的类型，并对图

表的样式、选项及坐标轴等进行设置。执行"对象"|"图表"|"类型"命令或右击图表，在弹出的快捷菜单中选择"类型"命令，即可打开"图表类型"对话框，如图6-33所示。

图 6-33

该对话框中部分常用选项作用如下。

- **图表类型**：选择目标图表按钮，单击"确定"按钮，即可将页面中选择的图表更改为指定的图表类型。
- **数值轴**：除了饼图外，其他类型的图表都有一条数值坐标轴。在"数值轴"选项下拉列表框中包括"位于左侧""位于右侧"和"位于两侧"3个选项，分别用于指定图表中坐标轴的位置。选择不同的图表类型，其"数值轴"中的选项也不完全相同。
- **添加投影**：选中该复选框，将在图表中添加阴影效果，增强图表的视觉效果。
- **在顶部添加图例**：选中该复选框，图例将显示在图表的上方。
- **第一行在前**：选中该复选框，图表数据输入框中第一行的数据所代表的图表元素在前面。
- **第一列在前**：选中该复选框，图表数据输入框中第一列的数据所代表的图表元素在前面。

除了面积图外，其他类型的图表都有一些附加选项可以选择。不同类型的图表附加选项也会有所不同。柱形图、堆积柱形图"选项"选项区如图6-34所示；条形图、堆积条形图"选项"选项区如图6-35所示。

图 6-34　　图 6-35

操作技巧

双击工具箱中的图表工具，同样可以打开"图表类型"对话框。

113

操作技巧

　　大于100%的数值会导致柱形、条形或簇相互重叠。小于100%的数值会在柱形、条形或簇之间保留空间。值为100%时，会使柱形、条形或簇相互对齐。

其中，各选项作用如下。

● **列宽**：用于设置图表中每个柱形条的宽度。

● **条形宽度**：用于设置图表中每个条形的宽度。

● **簇宽度**：用于设置所有柱形或条形所占据的可用空间。

折线图、雷达图"选项"选项区如图6-36所示。散点图没有"线段边到边跨X轴"选项。

图 6-36

● **标记数据点**：选中该复选框，将在每个数据点上放置方形标记。

● **连接数据点**：选中该复选框，将在每组数据点之间进行连线。

● **线段边到边跨X轴**：选中该复选框，将绘制观察水平坐标轴的线段。该选项不适用于散点图。

● **绘制填充线**：选中该复选框将激活"线宽"文本框。用户可以根据"线宽"文本框中输入的值创建更宽的线段，并且"绘制填充线"还会根据该系列数据的规范来确定用何种颜色填充线段。只有选中"连接数据点"复选框时，该选项才有效。

饼图"选项"选项区如图6-37所示。

图 6-37

● **图例**：用于设置图例位置，包括"无图例""标准图例"和"楔形图例"3个选项。其中，"无图例"选项将完全忽略图例。"标准图例"选项将在图表外侧放置列标签，默认为该选项，将饼图与其他种类的图表组合显示时选择该选项。"楔形图例"选项将把标签插入相应的楔形中。

● **排序**：用于设置楔形的排序方式，包括"全部""第一个"和"无"3个选项。其中，"全部"选项将在饼图顶部按顺时针顺序从最大值到最小值对所选饼图的楔形进行排序。"第一个"选项将对所选饼图的楔形进行排序，以便将第一幅饼图中的最大值放置在第一个楔形中，其他将按照从最大到最小的顺序排序。所有其他图表将遵循第一幅图表中楔形的顺序。"无"选项将从图表顶部按顺时针方向输入值的顺序，对所选饼图的楔形进行排序。

● **位置**：用于设置多个饼图的显示方式，包括"比例""相等"

和"堆积"3个选项。其中,"比例"选项将按比例调整图表的大小;"相等"选项可让所有饼图都有相同的直径;"堆积"选项将相互堆积每个饼图,每个图表按相互比例调整大小。

6.2.2 坐标轴的自定义

除了饼图之外,所有的图表都有显示图表的测量单位的数值轴。在"图表类型"对话框顶部的下拉列表中选择"数值轴"选项,如图6-38所示。

图 6-38

该对话框中各选项作用如下。

- **刻度值:** 用于确定数值轴、左轴、右轴、下轴或上轴上的刻度线的位置。选中"忽略计算出的值"复选框时,将激活下方的3个数值,其中,"最小值"选项用于设置坐标轴的起始值,即图表原点的坐标值;"最大值"选项用于设置坐标轴的最大刻度值;"刻度"选项用于设置将坐标轴上下分为多少部分。
- **刻度线:** 用于确定刻度线的长度和每个刻度之间刻度线的数量。其中,"长度"选项用于确定刻度线长度,包括3个选项,"无"选项表示不使用刻度标记,"短"选项表示使用短的刻度标记,"全宽"选项表示刻度线将贯穿整个图表;"绘制"选项表示相邻两个刻度间的刻度标记条数。
- **添加标签:** 确定数值轴、左轴、右轴、下轴或上轴上的数字的前缀和后缀。其中,"前缀"选项是在数值前加符号;"后缀"选项是在数值后加符号。

6.2.3 组合不同的图表类型

在Illustrator软件中,用户可以在一个图表中显示不同的图表类型。使用编组选择工具▶单击要更改图表类型的数据的图例,如

操作技巧

散点图不能与其他任何图表类型组合。

图6-39所示。再次单击该图例，选择用图例编组的所有柱形，执行"对象"|"图表"|"类型"命令，打开"图表类型"对话框，选择其他类型的图表，单击"确定"按钮即可，图6-40所示为转换为折线图的效果。

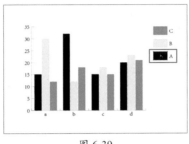

图 6-39

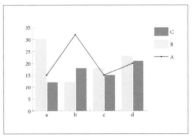

图 6-40

6.3 设计图表

在Illustrator软件中，用户可以对图表进行设计，从而自定义图表的图案，制作出更加有趣的图表效果。下面将对此进行介绍。

6.3.1 图表设计

选中图形对象，执行"对象"|"图表"|"设计"命令，打开"图表设计"对话框，单击"新建设计"按钮，即可将选中的图形对象新建为图表图案，如图6-41所示。单击"重命名"按钮可以打开"图表设计"对话框，设置选中图案的名称，以便于后期使用。完成后单击"确定"按钮，如图6-42所示。单击"确定"按钮，应用设置。

图 6-41

图 6-42

若想应用新建设计，需要选中图表后执行"对象"|"图表"|"柱形图"命令，打开"图表列"对话框，如图6-43所示。在该对话框中设置参数后单击"确定"按钮即可应用效果，如图6-44所示。

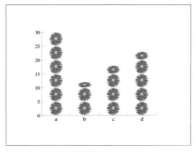

图 6-43   图 6-44

"图表列"对话框中的"列类型"选项可用于设置不同的显示方式，其下拉列表中各选项作用如下。

- **垂直缩放**：选择该选项，将在垂直方向进行伸展或压缩而不改变宽度。
- **一致缩放**：选择该选项，将在水平和垂直方向同时缩放。
- **重复堆叠**：选择该选项，将堆积设计以填充柱形。用户可以指定"每个设计表示"的值，"对于分数"可以选择截断设计或缩放设计。
- **局部缩放**：该选项类似于垂直缩放设计，但可以在设计中指定伸展或压缩的位置。

6.3.2 标记设计

折线图、雷达图和散点图3种图形中都有标记，标记记录着图表中数据点的位置，默认为正方形。执行"对象"|"图表"|"标记"命令，打开"图表标记"对话框，可以重新选取标记设计进行应用，如图6-45、图6-46所示。

> **操作技巧**
>
> 执行"标记"命令之前，需要先执行"设计"命令新建设计，以保证在"图表标记"对话框中有可选取的标记设计。

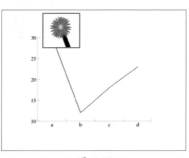

图 6-45   图 6-46

课堂练习 **服装店库存盘点图表**

图案图表可以使图表更加生动有趣。下面将以服装店库存盘点图表为例，对图案图表的应用进行介绍。

步骤 01 新建一个960像素×720像素的空白文档。使用矩形工具■绘制一个与画板等大的矩形，并填充灰色（C：0，M：0，Y：0，K：10），效果如图6-47所示。按Ctrl+2组合键锁定矩形。

步骤 02 选择柱形图工具 ▥，在画板中按住鼠标左键拖动，绘制图表范围，在弹出的图表输入框中输入数据，如图6-48所示。

第一季度			
	上衣	裤子	总额
第一季度	265.00	126.00	391.00
第二季度	158.00	245.00	403.00
第三季度	320.00	256.00	576.00
第四季度	442.00	322.00	764.00

图 6-47　　　　　　　　　　　　图 6-48

步骤 03 单击"应用"按钮 ✓，应用数据生成图表，如图6-49所示。

步骤 04 使用编组选择工具 ▷ 单击总额图例将其选中，再次单击选中用图例编组的所有柱形，执行"对象"|"图表"|"类型"命令，打开"图表类型"对话框，单击"折线图"按钮 ⌇，单击"确定"按钮将其转换为折线图，如图6-50所示。

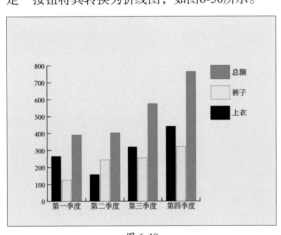

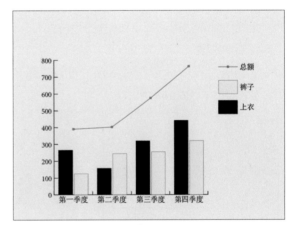

图 6-49　　　　　　　　　　　　图 6-50

步骤 05 使用编组选择工具 ▷ 选中图例，右击，在弹出的快捷菜单中选择"变换"|"缩放"命令，打开"比例缩放"对话框，设置等比缩放80%，效果如图6-51所示。

步骤 06 导入素材文件"上衣.jpg"，单击控制栏中"图像描摹"按钮右侧的"描摹预设"下拉按钮 ✓，在弹出的下拉列表中选择"低保真度照片"选项，效果如图6-52所示。

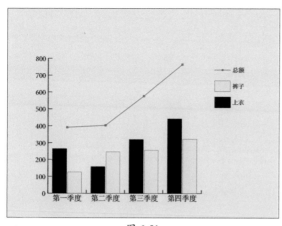

图 6-51

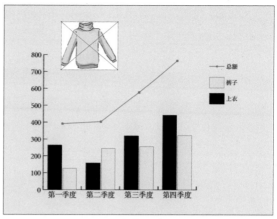

图 6-52

步骤 07 单击控制栏中的"扩展"按钮，将描摹结果扩展为图形，使用编组选择工具 选择周围白色区域，按Delete键删除，如图6-53所示。

步骤 08 选中黄色上衣，执行"对象"|"图表"|"设计"命令，打开"图表设计"对话框，单击"新建设计"按钮，将选中的图形对象新建为图表图案，并单击"重命名"按钮，设置其名称为"上衣"，如图6-54所示。

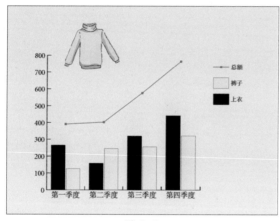

图 6-53

图 6-54

步骤 09 使用编组选择工具 单击上衣图例将其选中，再次单击选用图例编组的所有柱形，执行"对象"|"图表"|"柱形图"命令，打开"图表列"对话框，选择"上衣"列设计，并设置参数，如图6-55所示。

图 6-55

步骤 **10** 设置完成后单击"确定"按钮，效果如图6-56所示。

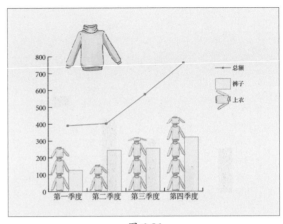

图 6-56

步骤 **11** 使用相同的方法导入"裤子.png"素材，将其新建为图表设计，并进行应用，如图6-57所示。

步骤 **12** 选中画板中的上衣和裤子描摹对象，按Ctrl+3组合键隐藏。使用文字工具在画板中输入文字，在控制栏中设置"字体"为"黑体"，"字体大小"为18pt，如图6-58所示。

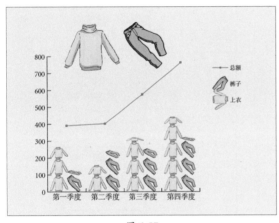

图 6-57

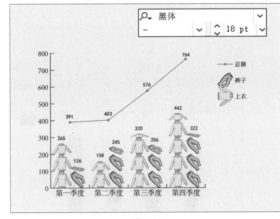

图 6-58

步骤 **13** 使用相同的方法继续输入文字，并设置"字体大小"为36pt和18pt，如图6-59所示。

步骤 **14** 使用编组选择工具 ▷ 选择其他文字，并设置"字体"为"黑体"，如图6-60所示。

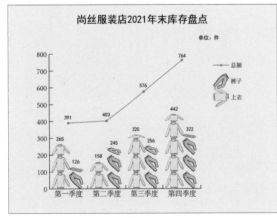

图 6-59

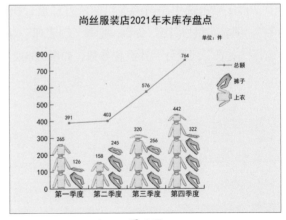

图 6-60

步骤 **15** 使用编组选择工具 ▷ 选择折线图线段，并设置"描边"为红色（C：0，M：100，Y：100，K：0），"粗细"为3pt，效果如图6-61所示。

步骤 **16** 使用相同的方法选中标记点，设置其"填色"为黄色（C：0，M：10，Y：95，K：0），效果如图6-62所示。

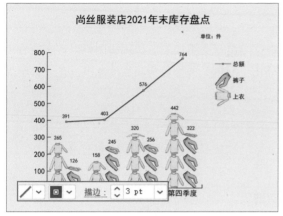

图 6-61

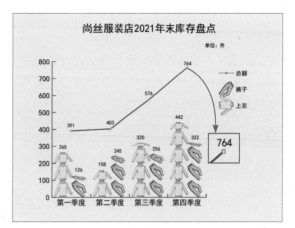

图 6-62

至此，完成服装店库存盘点图表的制作。

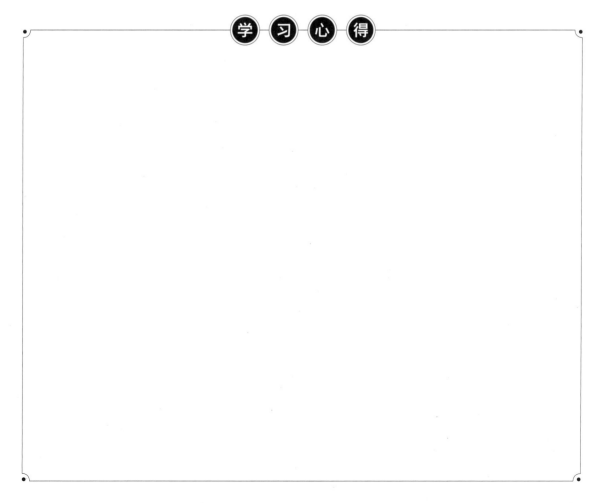

强化训练

1. 项目名称

绘制开支明细表。

2. 项目分析

图表可以生动形象地展示数据。现需根据表格数据绘制开支明细表。选用饼图可以直观地看出部分与整体的比较，便于分析某个部分占整体的百分比；配色上选择较为明亮的冰淇淋色，带给人明亮显眼的效果。

3. 项目效果

项目效果如图6-63所示。

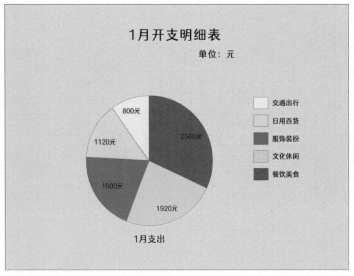

图 6-63

4. 操作提示

①绘制矩形填充颜色，复制填充图案作为背景。

②使用饼图工具绘制饼图。

③使用编组选择工具选择图例，设置大小、颜色等参数。

④添加其他文字。

第**7**章

图层和蒙版的应用

内容导读

在Illustrator软件中,用户可以通过图层管理归纳对象,使画板中的对象更加整洁,而蒙版可以帮助用户制作出特殊的图像效果。通过本章的学习,可以帮助用户了解图层和蒙版的应用。下面将对图层和蒙版的相关知识进行介绍。

要点难点

- 了解图层的基础知识
- 学会创建不透明度蒙版
- 学会建立剪切蒙版

7.1 图层

图层是平面设计中一个非常重要的概念，通过图层，用户可以更好地排列图形对象的顺序，使不同图层中的内容相互融合，制作更加丰富的图形效果。本节将对此进行介绍。

7.1.1 认识"图层"面板

处理复杂设计作品时，图层的应用就显得十分有必要。在Illustrator软件中，用户可以通过"图层"面板便捷地做出选择、隐藏、锁定图层等操作。执行"窗口"|"图层"命令，打开"图层"面板，如图7-1所示。此时画板中的效果如图7-2所示。

图 7-1

图 7-2

"图层"面板中各选项作用如下。

● **收集以导出** ⫶：单击该按钮将打开"资源导出"面板，可用于快速导出选中图层或位图资源。用户可以在"资源导出"面板中查看导出资源或图层。

● **切换可视性** ●：用于切换当前图层的显示和隐藏状态。●为显示状态，可见；为隐藏状态，不可见也不可编辑。用户也可以按Ctrl+3组合键隐藏对象，按Ctrl+Alt+3组合键显示所有隐藏对象。

● **切换锁定** �🔒：用于切换图层的锁定状态。🔒为锁定状态，不可编辑；为非锁定状态，可以编辑。用户也可以按Ctrl+2组合键锁定对象，按Ctrl+Alt+2组合键解锁所有锁定对象。

● **单击可定位，拖移可移动外观** ○：每个图层后面均有这个小图标，单击该图标可在画板中快速定位当前对象。显示◎状时，表示该对象处于被选中状态。

● **指示所选图稿（单击可选择图稿）** ■：用于指示是否已选定对象。

- **定位对象**🔎：在画板中选中某个对象，单击该按钮，可快速在"图层"面板中定位该对象。
- **建立/释放剪切蒙版**▣：选中对象后单击该按钮将创建剪切蒙版，默认将选中图层中位于最顶部的图层作为蒙版轮廓；再次单击可释放剪切蒙版。
- **创建新子图层**▣：单击该按钮将在当前图层新建一个子图层。
- **创建新图层**▣：单击该按钮将创建新图层。
- **删除所选图层**🗑：单击该按钮将删除选中的图层。

7.1.2 新建图层

默认情况下，在图像编辑窗口中绘制的所有对象都在一个图层中，用户可以新建图层后将需要分图层的对象移动至新图层中或在新图层中新建对象，以整理归纳图形对象。

单击"图层"面板中的"创建新图层"按钮▣，即可在当前选中图层上方新建图层，此时新建的图层处于被选中状态。用户也可以按住Alt键单击"创建新图层"按钮▣，打开"图层选项"对话框，如图7-3所示，在该对话框中设置参数后单击"确定"按钮，即可根据设置新建图层。

图 7-3

该对话框中各选项作用如下。
- **名称**：用于设置图层名称。
- **颜色**：为了在画板中区分各个图层，Illustrator会为每个图层指定一种颜色来作为定界框的颜色，并且在面板中的图层名称后也会显示相应的颜色块。
- **模板**：选中该复选框，图层成为模板图层，图层内的对象不可编辑，通常在临摹图像时使用。
- **锁定**：选中该复选框，新建图层处于锁定状态。
- **显示**：用于设置新建图层中的对象在页面中是否显示。取消选中该复选框，该图层的对象不可见。
- **打印**：选中该复选框，新建图层中的对象可供打印。

💡 **操作技巧**

若想对现有图层的选项进行设置，可以选中该图层后单击"菜单"按钮☰，在弹出的下拉菜单中选择相应的图层选项命令即可打开"图层选项"对话框进行设置。

- **预览**：选中该复选框，新绘制的对象显示完成的外观。
- **变暗图像至**：将图层中所包含的链接图像和位图图像的亮度降低至指定的百分比。

课堂练习 / 设置图层颜色

在图像编辑窗口中选择对象时，可以看到不同图层中的对象定界框颜色有所不同。用户可以通过"图层选项"对话框设置图层颜色，使其定界框更加明显或隐蔽。下面将以设置图层颜色为例，对"图层选项"对话框的应用进行介绍。

步骤01 打开素材文件"图表.ai"，如图7-4所示。

步骤02 执行"窗口"|"图层"命令，打开"图层"面板，可以看到"装饰"图层和"背景"图层的颜色相近，如图7-5所示。

步骤03 选中"装饰"图层中的对象，可以看到其定界框颜色，如图7-6所示。

图 7-4

图 7-5

图 7-6

步骤04 选中"装饰"图层，单击"菜单"按钮 ，在弹出的下拉菜单中选择 "'装饰'的选项"命令，打开"图层选项"对话框，如图7-7所示。

步骤05 在该对话框中设置颜色为紫色，如图7-8所示。

步骤06 单击"确定"按钮，选中"装饰"图层中的对象，效果如图7-9所示。

图 7-7

图 7-8

图 7-9

至此，完成图层颜色的设置。

7.1.3 图层面板选项

用户可以通过更改"图层"面板的选项，对面板外观进行设置。单击"图层"面板中的"菜单"按钮 ≡，在弹出的下拉菜单中选择"面板选项"命令，即可打开"图层面板选项"对话框，如图7-10所示。

该对话框中各选项作用如下。

- **仅显示图层**：选中该复选框，在"图层"面板中将只显示图层和子图层，隐藏路径、群组或其他对象。
- **行大小**：用于更改缩览图的尺寸。选中相应的单选按钮即可，选中"其他"单选按钮时，可自定义大小。
- **缩览图**：用于设置缩览图中包含的内容。选中相应的复选框，即可在"图层"面板的缩览图中显示该项目中存在的对象。

图 7-10

7.1.4 改变图层对象的显示

在Illustrator软件中，用户可以通过"图层"面板有选择地控制图层对象的显示，隐藏的图层在图像编辑窗口中不可见且不可编辑。常用的隐藏图层对象的方法有以下4种。

- 在面板中单击对象左侧的"切换可视性"按钮 ◉，即可隐藏该对象，再次单击将会重新显示。
- 单击一个图层的"切换可视性"按钮 ◉，向上或向下拖动鼠标，可以隐藏鼠标经过的多个图层，若图层均处于隐藏状态，则可显示鼠标经过的多个图层。
- 在面板中双击图层或项目名称，打开"图层选项"对话框，取消选中"显示"复选框，单击"确定"按钮，即可隐藏该图层。
- 若想隐藏所有未选择的图层，可以单击"图层"面板中的"菜单"按钮 ≡，在弹出的下拉菜单中选择"隐藏其他图层"命令即可隐藏其他图层。

7.1.5 收集图层和释放图层

收集图层和释放图层可以整理归纳绘制的对象。执行"释放到图层"命令，可为选定的图层或群组创建子图层，并使其中的对象分配到新创建的子图层中。执行"收集到新建图层"命令，可以新建一个图层，并将选定的图层或其他选项都放到新建的图层中。

1. 释放图层

在"图层"面板中选择一个图层或编组，单击"菜单"按钮，在弹出的下拉菜单中选择"释放到图层（顺序）"命令，可将该图层或编组中的对象按创建的顺序分离成多个子图层，每个对象为一个单独的图层，如图7-11所示；选择"释放到图层（累积）"命令则将以数目递增倍减的顺序释放对象至子图层，子图层内对象数量依次减少，如图7-12所示。

图 7-11　　　　　　　图 7-12

2. 收集图层

收集图层可以重新组合子图层。选中需要收集的子图层，单击"菜单"按钮，在弹出的下拉菜单中选择"收集到新建图层"命令，即可将选择的子图层放至新建的图层中，如图7-13、图7-14所示。

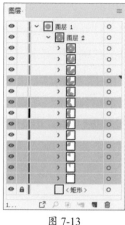
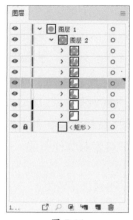

图 7-13　　　　　　　图 7-14

7.1.6 合并图层

编辑好对象后，可以选择将其合并。选中需要合并的两个或两个以上的图层，单击"菜单"按钮 ≡，在弹出的下拉菜单中选择"合并所选图层"命令将合并所选的对象，如图7-15所示；选择"拼合图稿"命令将当前文件中的所有图层拼合到指定的图层中，如图7-16所示。

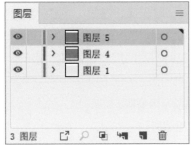

图 7-15

图 7-16

<blockquote>
操作技巧

执行"合并所选图层"命令或"拼合图稿"命令时，将保留最后一个选中图层的名字。
</blockquote>

7.2 制作不透明度蒙版

Illustrator软件中的不透明度蒙版类似于Photoshop软件中的图层蒙版，通过不透明度蒙版，用户可以控制对象的显示，制作出渐隐的效果。本节将对此进行介绍。

7.2.1 "透明度"面板

学习如何制作不透明度蒙版之前，首先需要认识"透明度"面板。执行"窗口"|"透明度"命令即可打开"透明度"面板，如图7-17所示。用户可以在该面板中设置对象的不透明度、混合模式等，还可以通过该面板制作不透明度蒙版。

"透明度"面板中各选项作用如下。

图 7-17

- **混合模式**：设置所选对象与下层对象的颜色混合模式，共包括16种混合模式，使用时根据需要选择即可。

- **不透明度**：通过调整数值控制对象的透明效果，数值越大，对象越不透明；数值越小，对象越透明，如图7-18、图7-19所示。

图 7-18

图 7-19

- **对象缩览图■**：显示所选对象缩览图。
- **不透明度蒙版◎**：显示所选对象的不透明度蒙版效果。没有蒙版时显示为无。
- **剪切**：将对象建立为当前对象的剪切蒙版。
- **反相蒙版**：选中该复选框将反相蒙版。
- **隔离混合**：选中该复选框，可以防止混合模式的应用范围超出组的底部。
- **挖空组**：选中该复选框后，在透明挖空组中，元素不能透过彼此而显示。
- **不透明度和蒙版用来定义挖空形状**：选中该复选框，可以创建与对象不透明度成比例的挖空效果。在接近100% 不透明度的蒙版区域中，挖空效果较强；在具有较低不透明度的区域中，挖空效果较弱。

💡 **操作技巧**

选择图像编辑窗口中的对象时，用户可以单击控制栏中的"不透明度"按钮，同样可以打开"透明度"面板进行设置。

7.2.2 不透明度蒙版

不透明度蒙版是一种非破坏性的编辑，该蒙版通过在对象上方添加黑色、白色或灰色的图形控制对象的显示和隐藏。其中，对象中对应不透明度蒙版中的黑色部分变为透明，灰色部分变为半透明，白色部分变为不透明，如图7-20、图7-21所示。

图 7-20

图 7-21

1. 创建不透明度蒙版

不透明度蒙版的创建非常简单，选中要创建不透明度蒙版的对象和其上方的黑白渐变矢量对象，单击"透明度"面板中的"制作蒙版"按钮即可创建蒙版,此时,在"透明度"面板中将会看到创建的蒙版链接,如图7-22、图7-23所示。

图 7-22

图 7-23

若对不透明度蒙版的效果不满意,用户可以在"透明度"面板中选中蒙版缩览图,再使用渐变工具■调整渐变效果,如图7-24、图7-25所示。

图 7-24

图 7-25

操作技巧

在选中"透明度"面板中的蒙版缩览图的情况下,绘制的图案将在蒙版中显示。

2. 停用和启用不透明度蒙版

在Illustrator软件中,用户可以暂时停用不透明度蒙版,以观察前后对比效果。单击"透明度"面板中的"菜单"按钮≡,在弹出的下拉菜单中选择"停用不透明蒙版"命令,或者按住Shift键单击蒙版缩览图,即可停用不透明度蒙版效果,如图7-26、图7-27所示。

图 7-26

图 7-27

停用的不透明度蒙版可以被恢复,单击"透明度"面板中的"菜单"按钮≡,在弹出的下拉菜单中选择"启用不透明蒙版"命令,或再次按住Shift键单击蒙版缩览图,即可重新启用不透明度蒙版效果。

3. 取消链接不透明度蒙版

创建不透明度蒙版后,默认状态下对象和蒙版链接在一起,蒙版随着对象的变化而变化。用户可以选择取消蒙版和对象之间的链接，单独对其进行操作。选中图像编辑窗口中的不透明度蒙版，单击"透明度"面板中对象缩览图和不透明度蒙版缩览图之间的"指示不透明蒙版链接到图稿"按钮 █ 即可，如图7-28所示，再次单击可重新链接，如图7-29所示。

图 7-28　　　　　　　　　　　　　　　图 7-29

4.删除不透明度蒙版

若想删除不透明度蒙版效果，可以单击"透明度"面板中的"释放"按钮，或单击"透明度"面板中的"菜单"按钮 ≡，在弹出的下拉菜单中选择"释放不透明蒙版"命令，即可删除不透明度蒙版。

课堂练习　制作文字倒影

倒影是自然界中一种常见的现象，在Illustrator软件中，用户可以通过不透明度蒙版制作倒影效果。下面将以文字倒影的制作为例，对不透明度蒙版的应用进行介绍。

步骤01 新建一个960像素×720像素大小的空白文档，选择工具箱中的矩形工具 ▢，在图像编辑窗口中绘制一个与画板等大的矩形，设置其"描边"为无，并为其添加深蓝色（C：100，M：100，Y：56，K：9）到浅蓝色（C：36，M：5，Y：0，K：0）的渐变效果，如图7-30所示。按Ctrl+2组合键将其锁定。

步骤02 使用文字工具 **T** 在画板中输入文字，在控制栏中设置文字字体为"仓耳渔阳体"，字体样式为W03，"字体大小"为240pt，效果如图7-31所示。

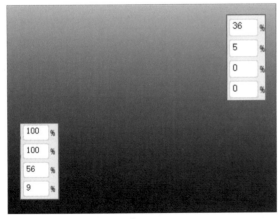 

图 7-30　　　　　　　　　　　　　　　图 7-31

步骤 03 选中输入的文字，右击，在弹出的快捷菜单中选择"创建轮廓"命令，将其转换为矢量图形，如图7-32所示。

步骤 04 选中输入的文字，右击，在弹出的快捷菜单中选择"变换"|"镜像"命令，打开"镜像"对话框，选中"水平"单选按钮，单击"复制"按钮，镜像并复制文字轮廓，将其移动至合适的位置，如图7-33所示。

图 7-32

图 7-33

步骤 05 选中复制的文字，双击皱褶工具，打开"皱褶工具选项"对话框，设置画笔宽度和高度尺寸，并设置"水平"为100%，"垂直"为0%，如图7-34所示。

步骤 06 设置完成后单击"确定"按钮，在选中的文字上拖动制作皱褶效果，如图7-35所示。

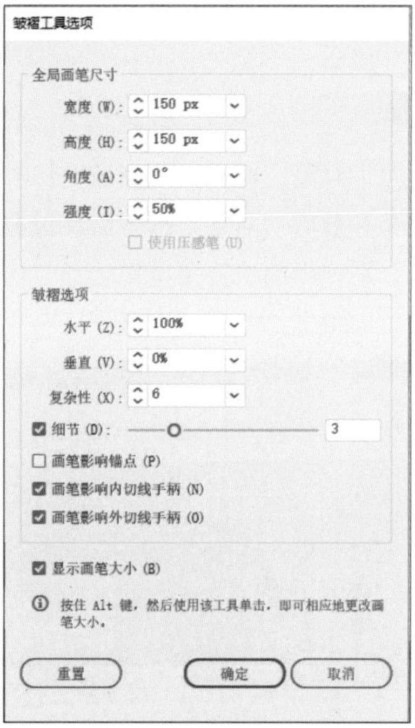

图 7-34

图 7-35

步骤 07 绘制一个比复制文字略大的矩形，并填充由白至黑的渐变效果，如图7-36所示。

步骤 08 选中复制文字及矩形，执行"窗口"|"透明度"命令，打开"透明度"面板，单击"制作蒙版"按钮，制作渐隐效果，如图7-37所示。

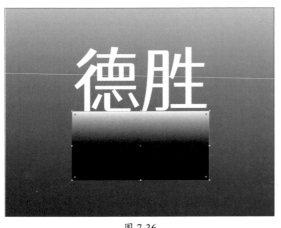

图 7-36   图 7-37

至此，完成文字倒影的制作。

7.3　剪切蒙版

在Illustrator软件中，用户可以通过剪切蒙版实现抠图的操作。剪切蒙版可以通过上层对象的轮廓控制下层对象显示的范围。其中，上层蒙版必须为矢量图形，下层对象可以是位图、编组对象或矢量图形等。下面将对此进行介绍。

7.3.1　制作剪切蒙版

🔍 **知识拓展**

选中需要被剪切的对象和顶层的矢量对象后，用户也可以执行"对象"|"剪切蒙版"|"建立"命令创建剪切蒙版效果。

创建剪切蒙版至少需要两个对象，即作为控制被剪切对象范围的容器（又被称为剪切路径）和被剪切对象。选中需要被剪切的对象和上层的剪切路径，右击，在弹出的快捷菜单中选择"建立剪切蒙版"命令即可创建剪切蒙版，如图7-38、图7-39所示。

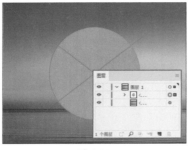

图 7-38   图 7-39

7.3.2　编辑剪切蒙版

创建剪切蒙版后，用户可以编辑剪切蒙版或蒙版中的路径，还可以在被蒙版的图稿中添加或删除对象。下面将对此进行介绍。

1. 编辑剪切蒙版内容

选中剪切蒙版，执行"对象"|"剪切蒙版"|"编辑内容"命令，即可单独选中被剪切对象进行编辑，如图7-40、图7-41所示。

图 7-40

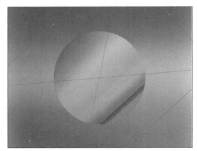

图 7-41

2. 编辑剪切路径

使用直接选择工具 ▷ 在剪切蒙版边缘单击即可选中剪切路径，从而对其进行编辑操作。

3. 添加或删除剪切蒙版对象

若想添加被剪切对象，可以选中要添加的对象后在"图层"面板中将其拖曳至剪切路径下方即可，如图7-42、图7-43所示。

图 7-42

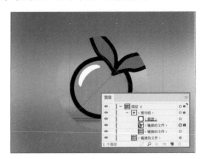

图 7-43

若想删除剪切蒙版对象，在"图层"面板中将其拖出包含剪切路径的组或图层即可。

4. 释放剪切蒙版

释放剪切蒙版可以还原被剪切对象的原始状态，并将剪切路径转换为描边和填充都为无的矢量对象。选中剪切对象后右击，在弹出的快捷菜单中选择"释放剪切蒙版"命令即可。用户也可以选中剪切蒙版后执行"对象"|"剪切蒙版"|"释放"命令释放剪切蒙版。

知识拓展

用户也可以使用直接选择工具 ▷ 在剪切蒙版内部单击选中被剪切对象，从而对其进行编辑。还可以在"图层"面板中单独选中被剪切对象。除此之外，用户可以在图像编辑窗口中双击剪切蒙版进入编组隔离模式，单独选择被剪切对象或剪切路径进行编辑。

课堂练习 **寿司广告设计**

在实际应用中，常常会有素材与画板尺寸不一致的情况，用户可以通过剪切蒙版控制素材大小，制作出更加融洽的设计作品。下面将以寿司广告为例，对蒙版的应用进行介绍。

步骤 01 新建一个960像素×320像素的空白文档。执行"文件"|"置入"命令，置入素材文件"寿司.jpg"，并调整至合适大小，如图7-44所示。

步骤 02 使用相同的方法，置入素材文件"水墨01.jpg"，调整至合适大小，如图7-45所示。

图 7-44

图 7-45

步骤 03 选中置入的素材文件，执行"窗口"|"透明度"命令，打开"透明度"面板，单击"制作蒙版"按钮创建不透明度蒙版，效果如图7-46所示。

图 7-46

步骤 04 继续置入素材文件"水墨02.jpg"，调整至合适大小，如图7-47所示。

图 7-47

步骤 05 选择椭圆工具 ⬭绘制椭圆并添加由白至黑的径向渐变，如图7-48所示。

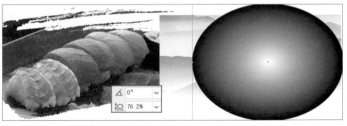

图 7-48

步骤 06 选中绘制的椭圆和"水墨02.jpg"素材，单击"透明度"面板中的"制作蒙版"按钮创建不透明度蒙版，效果如图7-49所示。

图 7-49

步骤 07 置入素材文件"树叶.tif"和"云纹.tif"，复制并调整至合适大小，如图7-50所示。

图 7-50

步骤 08 使用矩形工具▢绘制一个与画板等大的矩形，按Ctrl+A组合键全选对象，右击，在弹出的快捷菜单中选择"建立剪切蒙版"命令，创建剪切蒙版，如图7-51所示。

图 7-51

步骤 09 选择文字工具，在控制栏中设置"字体"为"汉仪行楷简"，"字体大小"为150pt，在画板中合适位置输入文字，如图7-52所示。

图 7-52

步骤 10 使用相同的方法继续输入文字，并调整字体及大小等参数，设置图中选中部分文字为白色，并添加文字"健康好食材"，效果如图7-53所示。

图 7-53

步骤 11 使用矩形工具▣绘制矩形，设置其"填充"为红色（C：11，M：99，Y：100，K：0），"描边"为无。在"图层"面板中调整其顺序位于文字下方，如图7-54所示。

图 7-54

步骤 12 按住Alt键拖动复制文字，效果如图7-55所示。

图 7-55

至此，完成寿司广告的设计。

学 习 心 得

强化训练

1. 项目名称

制作PPT封面。

2. 项目分析

通过Illustrator软件，用户可以制作多种平面作品。现需制作一张PPT封面。制作条纹背景，使整体更加规律；创建剪切蒙版选取图像部分，搭配几何图形，布局整体，使整体色调轻松自然。

3. 项目效果

项目效果如图7-56所示。

图 7-56

4. 操作提示

①绘制矩形填充颜色，复制填充图案。

②绘制圆角矩形点缀画面，置入素材图像创建剪切蒙版。

③输入文字，创建剪切蒙版，裁剪掉超出画板的部分。

第**8**章

效果的应用

内容导读

　　Illustrator软件中的效果类似于Photoshop软件中的滤镜。通过效果，用户可以制作出独具特色的图形效果。学习本章内容，可以帮助用户了解常见的Illustrator效果，并学会应用、编辑这些效果。

要点难点

- 认识效果的作用
- 学会使用Illustrator效果
- 了解Illustrator软件中的Photoshop效果

8.1　认识效果

Illustrator软件中包括多种效果，用户可以通过这些效果，更改某个对象、组或图层的特征，而不改变其原始信息。执行"效果"命令，在其子菜单中即可看到Illustrator软件中的效果，如图8-1所示。

"效果"菜单上半部分的效果是Illustrator效果，该部分效果中除了3D效果、SVG滤镜、变形效果、变换效果、投影、羽化、内发光以及外发光等效果外，其他效果仅能应用于矢量对象或某个位图对象的填色或描边；"效果"菜单下半部分的效果是Photoshop效果，用户可以将它们应用于矢量对象或位图对象。

图 8-1

课堂练习　制作镂空文字效果

通过效果，用户可以使图像呈现特殊的效果。下面将以镂空文字效果的制作为例，对效果的应用与编辑进行介绍。

步骤 01 新建一个960像素×720像素的空白文档，并置入素材文件"叶.jpg"，调整至合适大小，如图8-2所示。按Ctrl+2组合键锁定对象。

步骤 02 使用文字工具 T 输入文字，在控制栏中设置文字"填色"为白色，"描边"为无，"字体"为"仓耳渔阳体"，"字体样式"为W05，"字体大小"为360pt，效果如图8-3所示。

图 8-2

图 8-3

步骤 03 选中输入的文字，执行"效果"|"风格化"|"内发光"命令，打开"内发光"对话框，在该对话框中设置参数，如图8-4所示。

步骤 04 完成后，单击"确定"按钮，效果如图8-5所示。

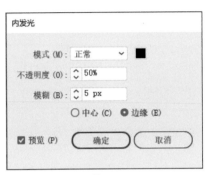

图 8-4

图 8-5

至此，完成镂空文字效果的制作。

8.2 使用Illustrator效果

若想应用Illustrator效果，仅需选中符合执行命令要求的对象并执行相应的命令，在弹出的对话框中设置参数即可。下面将针对一些常用的Illustrator效果进行介绍。

8.2.1 3D效果

3D效果可以为对象添加立体效果，用户可以通过高光、阴影、旋转及其他属性来控制3D对象的外观，还可以在3D对象的表面添加贴图效果。Illustrator软件中的3D效果包括"凸出和斜角""绕转"和"旋转"3种。本节将针对这3种效果进行介绍。

1. 凸出和斜角

"凸出和斜角"命令可以沿对象的Z轴凸出拉伸一个2D对象，增加对象深度制作出立体效果，图8-6、图8-7所示为凸出前后效果。

图 8-6

图 8-7

若想为凸出对象添加贴图，可以单击"贴图"按钮，在弹出的"贴图"对话框中选择表面后选择要用作贴图的符号再进行编辑即可，如图8-9所示。

图 8-9

选中对象后执行"效果"|3D|"凸出和斜角"命令，打开"3D凸出和斜角选项"对话框，如图8-8所示。在该对话框中设置参数后单击"确定"按钮即可根据设置创建立体效果。

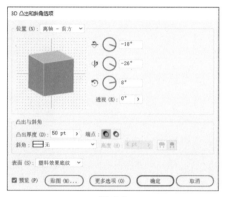

图 8-8

该对话框中部分常用选项作用如下。

- **位置：**用于设置对象如何旋转，在下方的预览区域中还可观看对象的透视角度。用户可以在下拉列表中选择预设的位置选项，也可以通过右侧的三个文本框进行不同方向的旋转调整，或直接使用鼠标拖动。
- **透视：**用于设置对象透视效果。数值设置为0°时，没有任何效果，角度越大透视效果越明显。
- **凸出厚度：**用于设置凸出的厚度。取值范围为0～2000。
- **端点：**用于设置显示的对象是实心（开启端点◉）还是空心（关闭端点◉）。
- **斜角：**用于设置斜角效果。

2. 绕转

"绕转"命令将围绕全局Y轴绕转一条路径或剖面，使其做圆周运动创建立体效果，图8-10、图8-11所示为绕转前后效果。

图 8-10

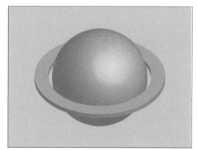

图 8-11

选中对象后执行"效果"|3D|"绕转"命令，打开"3D绕转选项"对话框，如图8-12所示。在该对话框中设置参数后单击"确定"按钮即可根据设置创建立体效果。

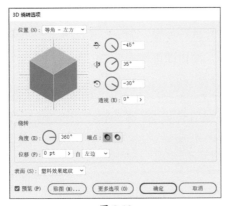

图 8-12

该对话框中部分常用选项作用如下。

- **角度：**用于设置绕转的角度，取值范围为0°～360°。
- **位移：**用于设置绕转轴和路径之间的距离。
- **自：**用于设置绕转轴位于对象左边还是右边。

3. 旋转

"旋转"命令可以在三维空间中旋转对象。选中对象后执行"效果"|3D|"旋转"命令，打开"3D旋转选项"对话框，如图8-13所示。在该对话框中设置参数后单击"确定"按钮即可根据设置旋转对象。

图 8-13

> **操作技巧**
>
> 用户可以通过"3D旋转选项"对话框中的"透视"参数控制透视的角度。

8.2.2 使用效果改变对象形状

Illustrator软件中的"变形"效果组和"扭曲和变换"效果组中的效果都可以改变对象的形状，制作出更加丰富的效果。下面将对这两组效果进行介绍。

1. 变形

"变形"效果组中的效果可以使选中的对象在水平或垂直方向上产生变形，用户可以将这些效果应用到对象、组合和图层中。选中要变形的对象，执行"效果"|"变形"命令，在其子菜单中执行相应的命令，打开"变形选项"对话框，如图8-14所示。用户可以在

学习笔记

"样式"下拉列表中选择不同的变形效果，并对其进行设置，完成后单击"确定"按钮即可根据设置变形对象。

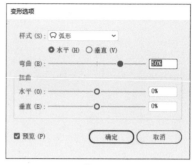

图 8-14

2 扭曲和变换

"扭曲和变换"效果组中包括"变换""扭拧""扭转""收缩和膨胀""波纹效果""粗糙化"和"自由扭曲"7个效果，图8-15所示为原始效果和这7种效果的对比效果。

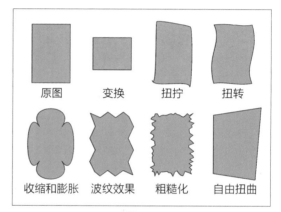

图 8-15

这7种效果的作用分别如下。

- **变换：** 该效果可以缩放、调整、移动或镜像对象。
- **扭拧：** 该效果可以随机地向内或向外弯曲和扭曲对象。用户可以通过设置"垂直"和"水平"扭曲，控制图形变形效果。
- **扭转：** 该效果可以制作顺时针或逆时针扭转对象形状的效果。数值为正时将顺时针扭转；数值为负时将逆时针扭转。
- **收缩和膨胀：** 该效果将以所选对象中心点为基点，收缩或膨胀变形对象。数值为正时将膨胀变形对象；数值为负时将收缩变形对象。
- **波纹效果：** 该效果可以波纹化扭曲路径边缘，使路径内外侧分别出现波纹或锯齿状的线段锚点。
- **粗糙化：** 该效果可以将对象的边缘变形为各种大小的尖峰或凹谷的锯齿，使之看起来粗糙。
- **自由扭曲：** 该效果可以通过拖动4个控制点的方式来改变矢量对象的形状。

8.2.3 栅格化

"栅格化"效果可以将矢量图形转换为位图，转换后，矢量图形仅具有位图的外观，需要再次执行"对象"|"扩展外观"命令将对象转换为位图。

选中对象，执行"效果"|"栅格化"命令，打开"栅格化"对话框，如图8-16所示。在该对话框中设置参数后单击"确定"按钮，即可使对象拥有位图的外观。

图 8-16

学习笔记

该对话框中部分选项作用如下。

- **颜色模型：**用于设置在栅格化过程中所用的颜色模型，包括CMYK、灰度和位图3种。
- **分辨率：**用于设置栅格化图像中的每英寸像素数（ppi）。
- **背景：**用于设置矢量图形的透明区域如何转换为像素。
- **添加环绕对象：**用户可以通过指定像素值，为栅格化图像添加边缘填充或边框。最终图像的尺寸等于原始尺寸加上"添加环绕对象"所设置的数值。

8.2.4 路径查找器

"路径查找器"效果组中包括13种效果，通过这些效果，可以调整对象与对象之间的关系，制作出丰富的图形效果。这13种效果作用分别如下。

- **相加：**描摹所有对象的轮廓，得到的图形采用顶层对象的颜色属性。
- **交集：**描摹对象重叠区域的轮廓。
- **差集：**描摹对象未重叠的区域。若有偶数个对象重叠，则重叠处会变成透明；若有奇数个对象重叠，重叠的地方则会填充顶层对象颜色。
- **相减：**从最后面的对象中减去前面的对象。

- **减去后方对象**：从最前面的对象中减去后面的对象。
- **分割**：按照图形的重叠，将图形分割为多个部分。
- **修边**：用于删除所有描边，且不会合并相同颜色的对象。
- **合并**：删除已填充对象被隐藏的部分。它会删除所有描边并且合并具有相同颜色的相邻或重叠的对象。
- **裁剪**：将图稿分割作为其构成成分的填充表面，删除图稿中所有落在最上方对象边界之外的部分，还会删除所有描边。
- **轮廓**：将对象分割为其组件线段或边缘。
- **实色混合**：通过选择每个颜色组件的最高值来组合颜色。
- **透明混合**：使底层颜色透过重叠的图稿可见，然后将图像划分为其构成部分的表面。
- **陷印**："陷印"命令通过识别较浅色的图稿并将其陷印到较深色的图稿中，为简单对象创建陷印。可以从"路径查找器"面板中应用"陷印"命令，或者将其作为效果进行应用。使用"陷印"效果的好处是可以随时修改陷印设置。

8.2.5　转换为形状

"转换为形状"效果组中的效果可以将矢量对象的形状转换为矩形、圆角矩形或椭圆，图8-17所示为原始效果和转换后的效果。

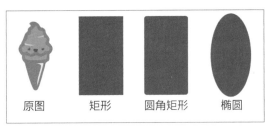

原图　　　矩形　　　圆角矩形　　　椭圆

图 8-17

8.2.6　风格化

"风格化"效果组中的效果可以为对象添加特殊的效果，制作出具有艺术质感的图像。该效果组中包括"内发光""圆角""外发光""投影""涂抹"和"羽化"6种效果，下面将针对这6种效果进行介绍。

1. 发光 ────────────────────

Illustrator软件中包括"内发光"和"外发光"两种发光效果，其中，"内发光"效果可以在对象内侧添加发光效果；"外发光"效果可以在对象外侧创建发光效果。选中对象后执行"效果"|"风格化"|"内发光"命令或"效果"|"风格化"|"外发光"命令，即可打开相应的对话框，分别如图8-18、图8-19所示。在其对话框中设置参数后单击"确定"按钮，即可应用设置效果。

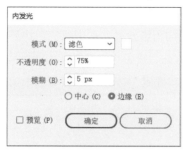

图 8-18　　　　　　　　　图 8-19

"内发光"和"外发光"对话框类似，其中部分选项作用如下。

- **模式**：用于设置发光的混合模式。
- **不透明度**：用于设置所需发光的不透明度百分比。
- **模糊**：用于设置要进行模糊处理之处到选区中心或选区边缘的距离。
- **中心**：选中该单选按钮时，将创建从选区中心向外发散的发光效果。
- **边缘**：选中该单选按钮时，将创建从选区边缘向内发散的发光效果。

添加"内发光"效果和"外发光"效果分别如图8-20、图8-21所示。

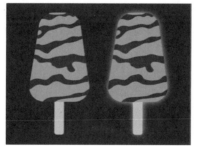

图 8-20　　　　　　　　　图 8-21

2. 圆角

"圆角"效果可以将路径上的尖角转换为圆角。选中对象后执行"效果"|"风格化"|"圆角"命令，在弹出的"圆角"对话框中设置圆角半径后单击"确定"按钮，即可将选中对象中的尖角转换为圆角，如图8-22、图8-23所示。

图 8-22　　　　　　　　　图 8-23

3. 投影

"投影"效果可以为选中的对象添加阴影效果。选中对象后执行"效果"|"风格化"|"投影"命令,打开"投影"对话框,如图8-24所示。在该对话框中设置参数后单击"确定"按钮,即可为选中的对象添加投影效果,图8-25所示为添加"投影"效果前后对比。

图 8-24   图 8-25

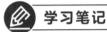

"投影"对话框中部分常用选项作用如下。

- **模式:** 用于设置投影的混合模式。
- **不透明度:** 用于设置投影的不透明度,数值越小投影越透明。
- **X位移和Y位移:** 用于设置投影偏离对象的距离。
- **模糊:** 用于设置要进行模糊处理之处距离阴影边缘的距离。
- **颜色:** 用于设置阴影的颜色。
- **暗度:** 用于设置为投影添加的黑色深度百分比。

4. 涂抹

"涂抹"效果可以制作出类似彩笔涂画的效果。选中对象后执行"效果"|"风格化"|"涂抹"命令,打开"涂抹选项"对话框,如图8-26所示。在该对话框中设置参数后单击"确定"按钮,即可为选中的对象添加涂抹效果,图8-27所示为添加"涂抹"效果前后对比。

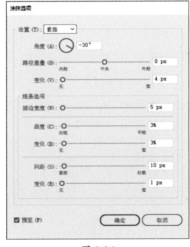

图 8-26   图 8-27

"涂抹选项"对话框中部分常用选项作用如下。

- **设置**：用于选择预设的涂抹效果，用户可以从"设置"下拉列表中选择一种预设的涂抹效果对图形快速进行涂抹。
- **角度**：用于设置涂抹线条的方向。
- **路径重叠**：用于设置涂抹线条在路径边界内部距路径边界的量或在路径边界外部距路径边界的量。负值将涂抹线条设置在路径边界内部，正值则将涂抹线条设置在路径边界外部。
- **变化**：用于设置涂抹线条彼此之间的相对长度差异。
- **描边宽度**：用于设置涂抹线条的宽度。
- **曲度**：用于设置涂抹曲线在改变方向之前的曲度。
- **变化**：用于设置涂抹曲线彼此之间的相对曲度差异大小。
- **间距**：用于设置涂抹线条之间的折叠间距量。
- **变化**：用于设置涂抹线条之间的折叠间距差异量。

5. 羽化

"羽化"效果可以制作图像边缘渐隐的效果。选中对象后执行"效果"|"风格化"|"羽化"命令，打开"羽化"对话框，设置羽化半径后单击"确定"按钮，即可添加羽化效果，图8-28、图8-29所示为羽化前后对比效果。

图 8-28

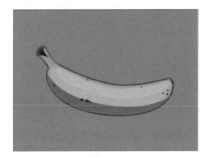

图 8-29

课堂练习　为图形添加投影

投影效果可以增加图形对象的立体感，使其更加生动。下面将以为图形对象添加投影为例，对"投影"效果的应用进行介绍。

步骤 01 打开素材文件"姜饼.ai"，如图8-30所示。

步骤 02 选中画板中的素材图像，执行"效果"|"风格化"|"投影"命令，打开"投影"对话框，在该对话框中设置参数，如图8-31所示。

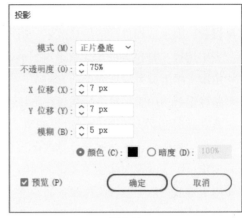

图 8-30   图 8-31

步骤03 设置完成后单击"确定"按钮，效果如图8-32所示。

图 8-32

至此，完成投影效果的添加。

- -

8.3 Photoshop效果

Photoshop效果中的效果是基于栅格的效果，无论何时对矢量图形应用这种效果，都将使用文档的栅格效果设置。下面将对其中比较常用的效果组进行介绍。

8.3.1 像素化

"像素化"效果组中的效果通过将颜色值相近的像素集结成块来清晰地定义一个选区。该效果组中包括"彩色半调""晶格化""铜版雕刻"和"点状化"4种效果，这4种效果的作用分别如下。

- **彩色半调：**该效果可以模拟在图像的每个通道上使用放大的半调网屏的效果。对于每个通道，效果都会将图像划分为多个矩

形，然后用圆形替换每个矩形。圆形的大小与矩形的亮度成
比例。

- **晶格化：** 该效果可以将颜色集结成块，形成多边形。
- **铜版雕刻：** 该效果可以将图像转换为黑白区域的随机图案或
  彩色图像中完全饱和颜色的随机图案。
- **点状化：** 该效果可以将图像中的颜色分解为随机分布的网
  点，如同点状化绘画一样，并使用背景色作为网点之间的画
  布区域。

8.3.2　扭曲

"扭曲"效果组中的效果可以扭曲图像。该效果组中包括"扩散亮
光""玻璃"和"海洋波纹"3种效果，这3种效果的作用分别如下。

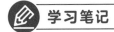

- **扩散亮光：** 该效果可以将透明的白杂色添加到图像中，并从
  选区的中心向外渐隐亮光，制作出柔和的扩散滤镜的效果。
- **玻璃：** 该效果可以模拟出透过不同类型的玻璃的效果。
- **海洋波纹：** 该效果可以将随机分隔的波纹添加到图稿，使图
  稿看上去像是在水中。

8.3.3　模糊

"模糊"效果组中的效果可以使图像产生一种朦胧模糊的效果。
该效果组中包括"径向模糊""特殊模糊"和"高斯模糊"3种效
果，这3种效果的作用分别如下。

- **径向模糊：** 该效果可以模拟对相机进行缩放或旋转而产生的
  柔和模糊。
- **特殊模糊：** 该效果可以精确地模糊图像。
- **高斯模糊：** 该效果可以快速地模糊图像，如图8-33、图8-34
  所示。

图 8-33

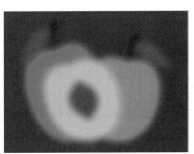

图 8-34

课堂练习 **制作拍照效果**

在Illustrator软件中，用户可以使用模糊制作环境虚化的效果。下面将以拍照效果的制作为例，对"高斯模糊"效果的应用进行介绍。

步骤 01 新建一个960像素×720像素的空白文档，并置入素材文件"狗.jpg"，调整至合适大小，如图8-35所示。

步骤 02 按Ctrl+C组合键复制对象，按Ctrl+V组合键贴在上方。按Ctrl+3组合键隐藏复制的对象，选中下方对象，执行"效果"|"模糊"|"高斯模糊"命令，打开"高斯模糊"对话框设置参数，如图8-36所示。

图 8-35

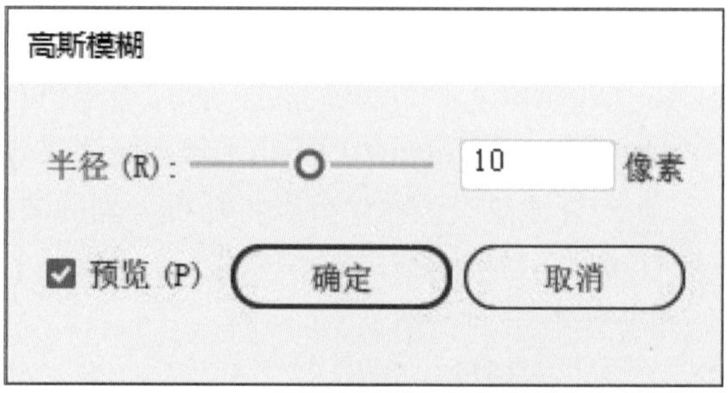

图 8-36

步骤 03 设置完成后单击"确定"按钮，效果如图8-37所示。按Ctrl+2组合键锁定对象。

步骤 04 置入素材文件"手机.png"，调整至合适大小，如图8-38所示。按Ctrl+2组合键锁定对象。

图 8-37

图 8-38

步骤 05 使用钢笔工具 沿手机屏幕绘制图形，如图8-39所示。

步骤 06 显示隐藏的对象，并移动至矩形下方，如图8-40所示。

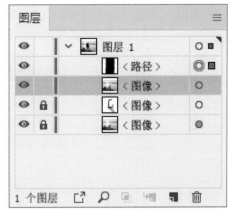

图 8-39

图 8-40

步骤 07 调整隐藏图像的大小和位置，如图8-41所示。

步骤 08 选中绘制的图形和缩小后的对象，右击，在弹出的快捷菜单中选择"建立剪切蒙版"命令，效果如图8-42所示。

图 8-41

图 8-42

至此，完成拍照效果的制作。

8.3.4 画笔描边

"画笔描边"效果组中的效果可以模拟不同的画笔笔刷绘制图像，制作绘画的艺术效果。该效果组中包括8种效果，如图8-43所示。这8种效果的作用分别如下。

图 8-43

● **喷溅**：该效果可以模拟喷溅喷枪的效果。

● **喷色描边**：该效果可以使用图像的主导色，用成角的、喷溅的颜色线条重新绘制图像。

- **墨水轮廓**：该效果可以以钢笔画的风格，用纤细的线条在原细节上重绘图像。
- **强化的边缘**：该效果可以强化图像边缘。当"边缘亮度"控制设置较高值时，强化效果看上去像白色粉笔；设置较低值时，强化效果看上去像黑色油墨。
- **成角的线条**：该效果可以使用对角描边重新绘制图像。用一个方向的线条绘制图像的亮区，用相反方向的线条绘制暗区。
- **深色线条**：该效果可以用短线条绘制图像中接近黑色的暗区；用长的白色线条绘制图像中的亮区。
- **烟灰墨**：该效果类似于日本画的风格，显示非常黑的柔化模糊边缘。
- **阴影线**：该效果可以保留原稿图像的细节和特征，同时使用模拟的铅笔阴影线添加纹理，并使图像中彩色区域的边缘变粗糙。

8.3.5　素描

"素描"效果组中的效果可以重绘图像，使其呈现特殊的效果。该效果组中包括14种效果，执行"效果"|"素描"命令，在其子菜单中执行任意命令，都将打开相应的效果对话框，如图8-44所示。

图 8-44

该组效果的作用分别如下。

- **便条纸**：该效果可以创建像是用手工制作的纸张构建的图像。
- **半调图案**：该效果可以在保持连续的色调范围的同时，模拟半调网屏的效果。
- **图章**：该效果可以简化图像，使之呈现用橡皮或木制图章盖印的样子。常用于黑白图像。
- **基地凸现**：该效果可以变换图像，使之呈现浮雕的雕刻状和突出光照下变化各异的表面。其中图像中的深色区域将被处理为黑色；而较亮的颜色则被处理为白色。

● **影印：** 该效果可以模拟影印图像的效果。

● **撕边：** 该效果可以将图像重新组织为粗糙的撕碎纸片的效果，然后使用黑色和白色为图像上色。该效果对于由文本或对比度高的对象所组成的图像很有用。

● **水彩画纸：** 该效果可以利用有污渍的、像画在湿润而有纹的纸上的涂抹方式，使颜色渗出并混合。

● **炭笔：** 该效果可以重绘图像，产生色调分离的、涂抹的效果。其中主要边缘以粗线条绘制；而中间色调用对角描边进行素描。

● **炭精笔：** 该效果可以在图像上模拟浓黑和纯白的炭精笔纹理。

● **石膏效果：** 该效果可以模拟出石膏的效果。其中暗部区域呈现凸出的效果，而亮部区域呈现凹陷的效果。

● **粉笔和炭笔：** 该效果可以重绘图像的高光和中间调，其背景为粗糙粉笔绘制的纯中间调。

● **绘图笔：** 该效果可以使用纤细的线性油墨线条捕获原始图像的细节。此效果将通过用黑色代表油墨、用白色代表纸张来替换原始图像中的颜色。

● **网状：** 该效果可以模拟胶片乳胶的可控收缩和扭曲来创建图像，使之在暗调区域呈结块状，在高光区域呈轻微颗粒化。

● **铬黄：** 该效果可以将图像处理成好像是擦亮的铬黄表面。其中高光在反射表面上是高点；暗调是低点。

8.3.6 纹理

"纹理"效果组中的效果可以使模拟具有深度感或物质感的外观，或添加一种器质外观。该效果组中包括"龟裂缝""颗粒""马赛克拼贴""拼缀图""染色玻璃"和"纹理化"6种效果。这6种效果的作用分别如下。

● **龟裂缝：** 该效果可以将图像绘制在一个高处凸现的模型表面上，以循着图像等高线生成精细的网状裂缝，并创建浮雕效果。

● **颗粒：** 该效果可以通过模拟不同种类的颗粒，添加图像纹理。

● **马赛克拼贴：** 该效果可以制作出马赛克效果。

● **拼缀图：** 该效果可以将图像分解为由若干方形图块组成的效果，区域主色决定图块颜色，并通过随机减小或增大拼贴的深度，复现高光和暗调。

● **染色玻璃：** 该效果可以将图像重新绘制成许多相邻的单色单元格效果，边框由前景色填充。

● **纹理化：** 该效果可以将所选择或创建的纹理应用于图像。

📝 **学习笔记**

8.3.7 艺术效果

"艺术效果"效果组中的效果可以制作绘画效果或艺术效果。该效果组中包括15种效果，执行"效果"|"艺术效果"命令，在其子菜单中执行任意命令，都将打开相应的效果对话框，如图8-45所示。

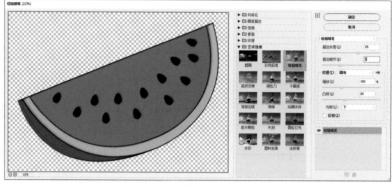

图 8-45

该组效果的作用分别如下。

● **壁画**：该效果可以以一种粗糙的方式，使用短而圆的描边绘制图像，使图像看上去像是草草绘制的。

● **彩色铅笔**：该效果可以使用彩色铅笔在纯色背景上绘制图像，并保留重要边缘，使外观呈粗糙阴影线。

● **粗糙蜡笔**：该效果可以使图像看上去好像是用彩色蜡笔在带纹理的背景上描出的。

● **底纹效果**：该效果可以在带纹理的背景上绘制图像，然后将最终图像绘制在该图像上。

● **调色刀**：该效果可以减少图像中的细节以生成描绘得很淡的画布效果，显示出其下面的纹理。

● **干画笔**：该效果可以使用介于油彩和水彩之间的画笔效果绘制图像边缘，其原理是通过减小颜色范围来简化图像。

● **海报边缘**：该效果可以根据设置的数值减少图像中的颜色数，然后找到图像的边缘，并在边缘上绘制黑色线条。

● **海绵**：该效果可以使用颜色对比强烈、纹理较重的区域创建图像，使图像看上去好像是用海绵绘制的。

● **绘画涂抹**：该效果可以使用各种大小和类型的画笔来模拟绘画效果。

● **胶片颗粒**：该效果可以将平滑图案应用于图像的暗调和中间色调。

● **木刻**：该效果可以将图像描绘成好像是由从彩纸上剪下的边缘粗糙的剪纸片组成的，使高对比度的图像看起来呈剪影状，而彩色图像看上去是由几层彩纸组成的。

- **霓虹灯光**：该效果可以为图像中的对象添加各种不同类型的灯光效果。
- **水彩**：该效果可以以水彩风格绘制图像，简化图像细节，并使用蘸了水和颜色的中号画笔绘制。当边缘有显著的色调变化时，会使颜色更饱满。
- **塑料包装**：该效果可以使图像如罩了一层光亮塑料，以强调表面细节。
- **涂抹棒**：该效果可以使用短的对角描边涂抹图像的暗区以柔化图像。亮区变得更亮，并失去细节。

8.3.8 风格化

该组效果中仅包括"照亮边缘"一种效果，该效果可以标识颜色的边缘，并向其添加类似霓虹灯的光亮，如图8-46、图8-47所示。

图 8-46

图 8-47

159

强化训练

1. 项目名称

绘制立体按钮。

2. 项目分析

通过效果，用户可以制作出更加真实的图形。现需制作手机App界面中的立体按钮。按钮选择黑白灰蓝四色，给人简洁大方的感觉，同时具有科技感；添加效果制作立体感和发光效果，使图形更加醒目。

3. 项目效果

项目效果如图8-48所示。

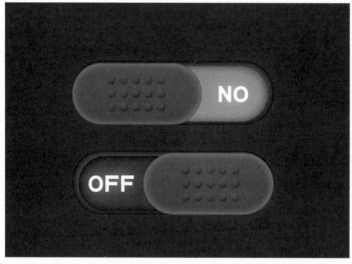

图 8-48

4. 操作提示

①绘制按钮基本图形，添加外发光和内发光效果。

②绘制滑动按钮，添加渐变填充、内发光和投影效果。

③添加文字，并添加渐变和投影效果。

第 **9** 章

外观与
图形样式

内容导读

　　Illustrator软件中绘制的作品都具有其独特的外观属性，用户可以通过"外观"面板对其外观进行设置，以满足设计需求。而通过图形样式，可以更快速便捷地处理图像，节省工作时间，提高效率。本章将对此进行介绍。

要点难点

- 了解"外观"面板的应用
- 掌握图形样式的应用
- 学会编辑图形样式

9.1 "外观"面板

"外观"面板中包括选中对象的描边、填充、效果等外观属性，用户可以通过"外观"面板对这些属性进行设置。

9.1.1 认识"外观"面板

执行"窗口" | "外观"命令或按Shift+F6组合键，即可打开"外观"面板，如图9-1所示。选中对象后，该面板中将显示相应对象的外观属性，如图9-2所示。用户可以在该面板中选中外观属性进行设置。

图 9-1

图 9-2

"外观"面板中部分选项作用如下。

- **菜单** ≡：用于打开下拉菜单以执行相应的命令。
- **单击切换可视性** ◉：用于切换属性或效果的显示与隐藏。
- **添加新描边** □：用于为选中对象添加新的描边。
- **添加新填色** ■：用于为选中对象添加新的填色。
- **添加新效果** *fx.*：用于为选中对象添加新的效果。
- **清除外观** ◎：清除选中对象的所有外观属性与效果。
- **复制所选项目** ▣：在"外观"面板中复制选中的属性。
- **删除所选项目** 🗑：在"外观"面板中删除选中的属性。

9.1.2 编辑对象外观属性

通过"外观"面板，可以很便捷地修改对象的现有外观属性，如对象的填色、描边、不透明度等，下面将对此进行介绍。

1. 填色

在"外观"面板中单击"填色"色块 □，在弹出的面板中选择合适的颜色即可替换当前选中对象的填色，如图9-4、图9-5所示。用户也可以按住Shift键单击"填色"色块打开替代色彩用户界面设置颜色。

图 9-4

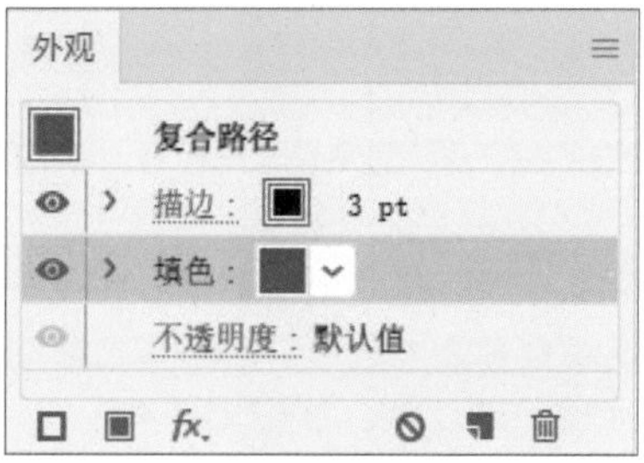

图 9-5

2. 描边

"描边"属性的修改和"填色"属性类似。通过"外观"面板，用户可以为对象添加多个描边和填充效果，使图形效果更加多元化。

选中对象后单击"外观"面板中的"添加新描边"按钮□，该面板中将添加一个默认的描边属性，如图9-6所示。用户可以重新设置该描边的颜色、宽度等参数，制作新的描边效果，如图9-7所示。

图 9-6

图 9-7

3. 不透明度

一般来说，对象的不透明度都为默认值，用户可以单击"不透明度"名称，在打开的"透明度"面板中对选中对象的不透明度、混合模式等参数进行设置，如图9-8所示。设置完成后效果如图9-9所示。

图 9-8

图 9-9

> **知识拓展**
>
> "外观"面板中的属性具有一定的排列顺序，调整排列顺序可以影响对象的显示效果。上层属性在对象中显示在上层，若用户将较细的描边放置在较粗的描边下方，对象中将不显示较细描边。

知识拓展

"不透明度"属性中的16种混合模式可以将当前对象与底部以一种特定的方式混合，制作出特殊的图形效果。这16种混合模式作用分别如下。

● **正常：** 在默认情况下，图形的混合模式为正常，当前选择的对象不与下层对象产生混合效果。

知识拓展

- **变暗**：选择基色或混合色中较暗的一个作为结果色。比混合色亮的区域会被结果色所取代，比混合色暗的区域将保持不变。
- **正片叠底**：将基色与混合色混合，得到的颜色比基色和混合色都要暗。将任何颜色与黑色混合都会产生黑色；将任何颜色与白色混合颜色保持不变。
- **颜色加深**：加深基色以反映混合色，与白色混合后不产生变化。
- **变亮**：选择基色或混合色中较亮的一个作为结果色。比混合色暗的区域会被结果色所取代；比混合色亮的区域将保持不变。
- **滤色**：将基色与混合色的反相色混合，得到的颜色比基色和混合色都要亮。将任何颜色与黑色混合则颜色保持不变；将任何颜色与白色混合都会产生白色。
- **颜色减淡**：加亮基色以反映混合色，与黑色混合后不产生变化。
- **叠加**：对颜色进行过滤并提亮上层图像，具体取决于基色。图案或颜色叠加在现有的图稿上，在与混合色混合以反映原始颜色的亮度和暗度的同时，保留基色的高光和阴影。
- **柔光**：使颜色变暗或变亮，具体取决于混合色。若上层图像比50%灰色亮，则图像变亮；若上层图像比50%灰色暗，则图像变暗。
- **强光**：对颜色进行过滤，具体取决于混合色即当前图像的颜色。若上层图像比50%灰色亮，则图像变亮；若上层图像比50%灰色暗，则图像变暗。
- **差值**：从基色减去混合色或从混合色减去基色，具体取决于哪一种的亮度值较大。与白色混合将反转基色值，与黑色混合则不发生变化。
- **排除**：创建一种与"差值"模式相似但对比度更低的效果。与白色混合将反转基色分量，与黑色混合则不发生变化。
- **色相**：用基色的亮度和饱和度以及混合色的色相创建结果色。
- **饱和度**：用基色的亮度和色相以及混合色的饱和度创建结果色，在饱和度为0的灰度区域上应用此模式着色不会产生变化。
- **混色**：用基色的亮度以及混合色的色相和饱和度创建结果色。这样可以保留图稿中的灰阶，适用于给单色图稿上色以及给彩色图稿染色。
- **明度**：用基色的色相和饱和度以及混合色的亮度创建结果色。

 学习笔记

4. 效果

若想对对象已添加的效果进行修改，可以在"外观"面板中单击效果的名称打开相应的对话框进行修改，图9-10、图9-11所示为修改前后对比效果。

图 9-10

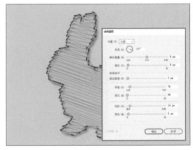

图 9-11

用户也可以单击"外观"面板中的"添加新效果"按钮 *fx*，在弹出的下拉菜单中执行相应的效果命令为选中的对象添加新的效果。

5. 调整外观属性顺序

　　在"外观"面板中，用户可以调整不同属性的排列顺序，使选中的对象呈现出不一样的效果。选中要调整顺序的属性，按住鼠标左键拖动至合适位置，此时"外观"面板中将出现一条蓝色粗线，如图9-12所示。释放鼠标即可改变其顺序，如图9-13所示。

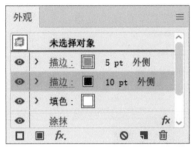

图 9-12

图 9-13

6. 删除属性

　　选中需要删除的属性，单击"外观"面板中的"删除所选项目"按钮🗑即可将其删除。

课堂练习 | 制作多层描边效果

　　在Illustrator软件中，用户可以为对象添加多层描边制作丰富的图形效果。下面将以多层描边效果的制作为例，对"外观"面板的应用进行介绍。

　　步骤01 新建一个960像素×300像素的空白文档，使用矩形工具▭绘制一个与画板等大的矩形，设置其"填色"为浅橙色（C：7，M：10，Y：10，K：0），"描边"为无，效果如图9-14所示。按Ctrl+2组合键锁定矩形。

　　步骤02 使用文字工具T输入文字，在控制栏中设置合适字体及字体大小，效果如图9-15所示。

图 9-14

图 9-15

　　步骤03 选中输入的文字，右击，在弹出的快捷菜单中选择"创建轮廓"命令，将文字转换为图形，如图9-16所示。

　　步骤04 选中输入的文字，右击，在弹出的快捷菜单中选择"取消编组"命令，取消文字图形编组。选中所有文字图形，按住Shift键单击"外观"面板中的"填色"色块，在弹出的替代色彩用户界面设置"填色"为浅紫色（C：33，M：32，Y：2，K：0），如图9-17所示。

图 9-16   图 9-17

步骤 05 选择"外观"面板中的"描边"属性，按住Shift键单击"外观"面板中的"描边"色块，在弹出的替代色彩用户界面设置"填色"为橙色（C：6，M：56，Y：44，K：0），如图9-18所示。

步骤 06 单击"外观"面板中的"描边"名称，在弹出的面板中设置"粗细"为10pt，并单击"使描边外侧对齐"按钮 ，如图9-19所示。

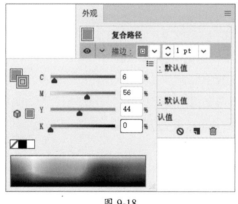 

图 9-18   图 9-19

步骤 07 此时，画板中效果如图9-20所示。

步骤 08 选中所有文字，单击"添加新描边"按钮 □，添加描边并设置其颜色为浅橙色（C：7，M：10，Y：10，K：0），"粗细"为6pt，效果如图9-21所示。

图 9-20   图 9-21

至此，完成多层描边效果的制作。

9.2 "图形样式"面板

图形样式是一组可反复使用的外观属性，用户可以通过图形样式快速更改对象的外观。应用图形样式进行的所有更改都是完全可逆的。下面将对此进行介绍。

9.2.1 应用图形样式

执行"窗口"|"图形样式"命令，打开"图形样式"面板，如图9-22所示。选中对象后单击"图形样式"面板中的样式，即可应用该图形样式，如图9-23所示。

> **操作技巧**
>
> 用户也可以直接将图形样式拖曳至对象上进行添加。

图 9-22 图 9-23

"图形样式"面板中仅展示部分图形样式，用户还可以执行"窗口"|"图形样式库"命令或单击"图形样式"面板左下角的"图形样式库菜单"按钮 ，在打开的样式库列表中选择更多的样式进行应用。图9-24、图9-25所示分别为打开的图形样式面板。

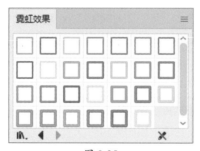

图 9-24 图 9-25

为对象添加图形样式后，对象和图形样式之间就形成了链接关系，设置对象外观时相应的样式也会随之变化。用户可以单击"图形样式"面板中的"断开图形样式链接"按钮 断开链接，以避免这种情况。

若想删除"图形样式"面板中的样式，可以选中图形样式后单击"删除"按钮 ，即可删除该样式。

9.2.2 新建图形样式

除了应用现有的图形样式外，用户可以根据需要新建图形样式。

操作技巧

用户也可以直接将"外观"面板中相应对象的缩览图拖曳至"图形样式"面板中新建图形样式。

选中一个设置好外观样式的对象，如图9-26所示。单击"图形样式"面板中的"新建图形样式"按钮，即可创建新的图形样式，此时新建的图形样式在"图形样式"面板中显示，如图9-27所示。

图 9-26

图 9-27

通过这种方式新建的图形样式，仅存在于当前文档中，用户可以将相应的样式保存为样式库，从而永久地保存新建的图形样式。选中需要保存的图形样式，单击"菜单"按钮，在弹出的下拉菜单中选择"存储图形样式库"命令，打开"将图形样式存储为库"对话框并设置名称，完成后单击"保存"按钮即可将图形样式保存为库。在使用时，单击"图形样式库菜单"按钮，在弹出的下拉菜单中选择"用户定义"命令即可看到保存的图形样式。

9.2.3 合并图形样式

若想制作更加丰富的图形样式效果，用户可以将两种或两种以上的图形样式合并，使效果更加多样。

在"图形样式"面板中选中要合并的图形样式，单击"菜单"按钮，在弹出的下拉菜单中选择"合并图形样式"命令，打开"图形样式选项"对话框，如图9-28所示。在该对话框中设置样式名称后单击"确定"按钮即可合并图形样式。合并后的图形样式将包含所选图形样式的全部属性，并将被添加到面板中图形样式列表的末尾，如图9-29所示。

图 9-28

图 9-29

绘制霓虹灯泡

霓虹灯是常见的一种灯光效果。在Illustrator软件中，用户可以通过图形样式轻松快捷地绘制出霓虹灯的效果，下面将以霓虹灯泡的绘制为例，对图形样式的应用进行介绍。

步骤01 新建一个960像素×720像素的空白文档，使用矩形工具□绘制一个与画板等大的矩形，设置其"填充"为深灰色（C：0，M：0，Y：0，K：90），"描边"为无，如图9-30所示。按Ctrl+2组合键锁定矩形。

图 9-30

步骤02 设置"填色"为无，"描边"为白色，使用钢笔工具🖊在画板中绘制路径，如图9-31所示。

图 9-31

步骤03 使用相同的方法继续绘制路径，如图9-32所示。

步骤04 选择直线段工具╱在灯泡上方绘制一段直线，如图9-33所示。

图 9-32

图 9-33

步骤 05 选中绘制的直线段，按R键切换至旋转工具 ⊙，按住Alt键拖动旋转中心点，移动其位置，打开"旋转"对话框，设置"角度"为30°，如图9-34所示。

步骤 06 单击"复制"按钮，复制并旋转对象，效果如图9-35所示。

图 9-34

图 9-35

步骤 07 按Ctrl+D组合键重复操作，并删除多余的复制对象，效果如图9-36所示。

步骤 08 选中最下方3条直线路径，执行"窗口"|"图形样式库"|"霓虹效果"命令，打开"霓虹效果"面板，单击"橙色霓虹"按钮□，赋予选中的对象图形样式，效果如图9-37所示。

图 9-36

图 9-37

步骤 09 选中灯泡的上半部分，单击"霓虹效果"面板中的"黄色霓虹"按钮□，赋予选中的对象图形样式，效果如图9-38所示。

至此，完成霓虹灯泡的绘制。

图 9-38

强化训练

1. 项目名称

添加水印。

2. 项目分析

在发布作品时，为了防止盗用，一般可以在作品中添加水印。现需在图像中添加水印。通过"图形样式"面板可以快速添加水印效果，结合"外观"面板进行调整，可以使效果更加低调。

3. 项目效果

项目效果如图9-39、图9-40所示。

图 9-39

图 9-40

4. 操作提示

①打开素材文件，输入文字作为水印。

②在"图像效果"面板中单击"水印"，为文字添加图形样式效果。

③建立图案，绘制矩形应用"色板"面板中的图案。

第**10**章

设计稿的输出

内容导读

在Illustrator软件中制作完成作品后，可以根据不同的用途将作品以相应的格式输出，以满足后续的使用需要。本章将针对文件的不同输出方式进行介绍，包括常见的导出图像、打印Illustrator文件、切片等。

要点难点

● 学会导出Illustrator文件
● 了解如何打印Illustrator文件
● 掌握切片的创建与输出

10.1 导出Illustrator文件

　　Illustrator软件中的文档默认保存为AI格式，该格式仅适用于部分专用软件。用户可以将文档导出为其他格式，以便与其他软件相衔接。下面将对此进行介绍。

10.1.1 导出图像格式

　　执行"文件"|"导出"|"导出为"命令，打开"导出"对话框，设置文件名称与保存类型后单击"导出"按钮，即可导出相应格式的文件。图10-1所示为"导出"对话框。

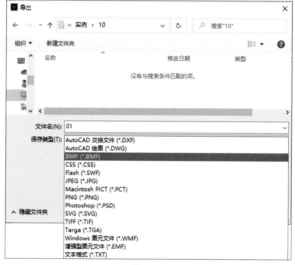

图 10-1

　　一般来说，最常导出的格式是图像格式，其中部分常用图像格式作用如下。

- **BMP**：该格式是Windows操作系统中的标准图像文件格式，几乎不压缩图像，包含的图像信息丰富，但占据内存较大。
- **JPEG**：该格式常用于存储照片。JPEG格式通过有选择地扔掉数据来压缩文件大小，且保留图像中的所有颜色信息。JPEG是在Web上显示图像的标准格式，是可以直接打开为图片形式的格式。
- **PNG**：该格式主要用于无损压缩和Web上的图像显示。PNG支持24位图像并产生无锯齿状边缘的背景透明度。但某些浏览器不支持PNG图像。
- **PSD**：该格式是标准的Photoshop格式，若文件中包含不能导出到Photoshop格式的数据，Illustrator软件可通过合并文档中的图层或栅格化文件，保留文件的外观。它是一种包含了源文件内容的图片形式的格式，可用于直接打印。

● **TIFF**：该格式常用于在应用程序和计算机平台间交换文件。TIFF是一种灵活的位图图像格式，绝大多数绘图、图像编辑和页面排版应用程序都支持这种格式。

10.1.2 导出AutoCAD格式

通过Illustrator软件，用户可以直接导出AutoCAD格式的图稿。执行"文件"|"导出"|"导出为"命令，打开"导出"对话框，选择保存类型为"AutoCAD绘图（*.DWG）"，单击"导出"按钮打开"DXF/DWG导出选项"对话框，如图10-2所示。

操作技巧

执行导出命令，在"导出"对话框中设置参数后单击"导出"按钮，将打开相应格式的选项对话框，用户根据需要进行设置即可。

图 10-2

该对话框中部分选项作用如下。

● **AutoCAD版本**：用于设置支持所导出文件的AutoCAD版本。

● **缩放**：用于设置在写入AutoCAD文件时Illustrator如何解释长度数据。若选中下方的"缩放线条粗细"复选框，就会将线条粗细连同绘图的其余部分在导出文件中进行缩放。

● **栅格文件格式**：用于设置导出过程中栅格化的图像和对象是否以PNG或JPEG格式存储。

● **保留外观**：选中该单选按钮将保留外观，但可能导致可编辑性严重受损。该选项不可和"最大可编辑性"选项同时选中。

● **最大可编辑性**：选中该单选按钮，将保留较高的可编辑性但可能导致外观严重受损。

● **仅导出所选图稿**：选中该复选框，将仅导出在导出时选定的文件中的图稿。若未选定图稿，将导出空文件。

10.1.3　导出SWF-Flash格式

Flash（*.SWF）文件格式是一种基于矢量的图形文件格式，适用于Web的可缩放小尺寸图形。该文件格式导出的图稿可以在任何分辨率下保持其图像品质，并且非常适于创建动画帧。

执行"文件"|"导出"|"导出为"命令，打开"导出"对话框，选择保存类型为Flash（*.SWF）格式后单击"导出"按钮，打开"SWF选项"对话框，如图10-3所示。设置相关选项后单击"确定"按钮即可导出Flash（*.SWF）格式文件。

图 10-3

该对话框中部分选项作用如下。

- **预设：** 用于选择合适的预设，导出SWF格式文件。
- **导出为：** 用于设置如何转换Illustrator图层。
- **剪切到画板大小：** 选中该复选框，可将选定画板边框内的Illustrator画稿导出到SWF文件，并剪切掉边框以外的所有图稿。
- **包含元数据：** 选中该复选框，可以导出与文件相关的元数据。最大程度地减少导出的XMP信息以保持较小的文件大小。
- **防止导入：** 选中该复选框，可以防止用户修改导出的SWF文件。
- **曲线品质：** 用于决定贝塞尔曲线的精度。数值越高，贝塞尔曲线重现的精度越高，相应的文件大小也会更大。

课堂练习 **导出透明背景图片**

在Illustrator软件中，用户可以导出多种类型的图像文件。下面将以透明背景图片的导出为例，对PNG格式图像的导出进行介绍。

步骤 01 打开素材文件"猫.ai"，如图10-4所示。

步骤 02 在"图层"面板中隐藏矩形图形，如图10-5所示。

图 10-4

图 10-5

步骤 03 执行"文件"|"导出"|"导出为"命令，打开"导出"对话框，设置文件导出位置与名称，选择保存类型为PNG（*.PNG），选中"使用画板"复选框，如图10-6所示。

步骤 04 单击"导出"按钮，打开"PNG选项"对话框，设置"背景色"为"透明"，如图10-7所示。设置完成后单击"确定"按钮，即可导出透明背景图片。

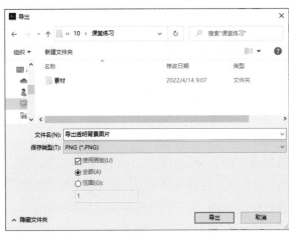

图 10-6

图 10-7

至此，完成透明背景图片的导出。

操作技巧

选中"导出"面板中的"使用画板"复选框，可以导出画板中的图像，超出画板的部分将不被导出。

10.2　打印Illustrator文件 //////////////

制作完成Illustrator文件后，可以直接打印输出。在打印输出之前，用户可以先了解一些打印的相关知识。下面将对此进行介绍。

10.2.1　"打印"对话框

针对打印的操作基本都集中在"打印"对话框中，执行"文件"|"打印"命令或按Ctrl+P组合键，即可打开"打印"对话框，如图10-8所示。

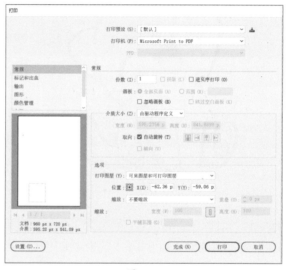

图 10-8

"打印"对话框中的"输出"选项组即用于创建分色。分色是指将图像分为两种或多种颜色的过程，用于制作印版的胶片被称为分色片。为了重现彩色和连续色调图像，印刷上通常将图稿分为四个印版（即印刷色），分别用于图像的青色、洋红色、黄色和黑色四种原色，还可以包括自定油墨（即专色）。在这种情况下，需要为每种专色分别创建一个印版。当着色恰当并相互套准打印时，这些颜色组合起来就会重现原始图稿。

"打印"对话框中部分选项作用如下。

● **打印预设：**用于选择预设的打印设置。

● **打印机：**用于选择打印机。

● **存储打印设置⌷：**单击该按钮，可以弹出"存储打印预设"窗口。

● **设置：**单击该按钮，打开"打印首选项"对话框，用于设置打印常规选项及纸张方向等。

● **常规选项组：**用于设置页面大小和方向、打印页数、缩放图稿、指定拼贴选项以及选择要打印的图层等常规选项。

● **标记和出血选项组：**用于选择印刷标记与创建出血。

● **输出选项组：**用于创建分色。

● **图形选项组：**用于设置路径、字体、PostScript文件、渐变、网格和混合的打印选项。

● **颜色管理选项组：**用于选择打印颜色配置文件和渲染方法。

● **高级选项组：**用于控制打印期间的矢量图稿拼合（或可能栅格化）。

● **小结选项组**：用于查看和存储打印设置小结。

10.2.2 重新定位页面上的图稿

打印Illustrator文件时，用户可以在"打印"对话框中设置图稿显示在页面中的位置，从而重新定位页面中的图稿。

执行"文件"|"打印"命令，打开"打印"对话框，在对话框左下角的预览图像中拖动图稿即可重新定位，图10-9、图10-10所示为调整前后效果。

操作技巧

若想更加精确地定位页面中的图稿，可以选择"常规"选项，在"选项"选项组中输入数值调整其位置。

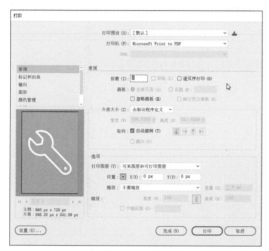

图 10-9

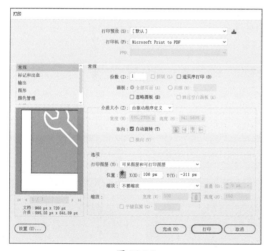

图 10-10

10.2.3 打印复杂的长路径

当打印含有过长或过于复杂路径的Illustrator文件时，打印机可能会发出极限检验报错的消息，而无法打印。用户可以通过简化复杂的长路径将其分割成两条或多条单独的路径，或更改用于模拟曲线的线段数并调整打印机分辨率等方法解决这一问题。

10.3 创建Web文件 ///////////////////////////////

学习笔记

网页图稿中包括多种元素，图片都会过大，直接保存上传的话，很可能会影响网页的打开速度。用户可以在Illustrator软件中将其裁切为小尺寸的图像储存，再上传至网络。本节将对此进行介绍。

10.3.1 创建切片

在Illustrator软件中，用户可以通过多种方式创建切片，这些切片图像可以在Web页上重新组合。输出网页时，用户还可以对每块图形进行优化。常用的创建切片的方法有以下3种。

1. 使用"切片工具"创建切片 ───────────────○

"切片工具"是最常用的用于裁切网页图像的工具。选择"切片工具" ∅，在图像上按住鼠标左键拖动绘制矩形框，如图10-11所示。释放鼠标后画板中将会自动生成相应的版面布局，如图10-12所示。

图 10-11

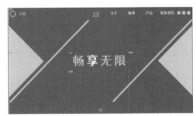

图 10-12

2. 从参考线创建切片 ───────────────○

通过参考线创建的切片更加规则且整齐。执行"视图"|"标尺"|"显示标尺"命令或按Ctrl+R组合键，显示标尺，拖曳出参考线，如图10-13所示。执行"对象"|"切片"|"从参考线创建"命令，即可从参考线创建切片，如图10-14所示。

图 10-13

图 10-14

3. 从所选对象创建切片 ───────────────○

选中画板中的对象，执行"对象"|"切片"|"从所选对象创建"命令，即可根据选中图像的最外轮廓划分切片，如图10-15所示。选中创建的切片，将其移动到任何位置，都会从所选对象的周围创建切片，如图10-16所示。

图 10-15   图 10-16

10.3.2 编辑切片

创建切片后，用户可以根据需要编辑切片，包括选择、调整、显示与隐藏、删除切片等。下面将对此进行介绍。

1. 选择切片

用鼠标右击工具箱中的"切片工具"按钮 ，在弹出的工具组中选择"切片选择工具" ，在图像中单击即可选中切片，如图10-17所示。按住Shift键单击其他切片，可选中多个切片，如图10-18所示。

图 10-17   图 10-18

2. 调整切片

若执行"对象"|"切片"|"建立"命令创建切片，切片的位置和大小将捆绑到它所包含的图稿。移动图像或调整图像大小，切片边界也会自动进行调整。

3. 删除切片

选中要删除的切片，按Delete键或执行"对象"|"切片"|"释放"命令释放该切片，即可删除该切片。用户也可以执行"对象"|"切片"|"全部删除"命令删除所有切片。

4. 隐藏和显示切片

执行"视图"|"隐藏切片"命令，即可在插图窗口中隐藏切片；执行"视图"|"显示切片"命令，即可在插图窗口中显示隐藏的切片。

5. 锁定切片

执行"视图"|"锁定切片"命令即可锁定所有切片。用户也可以在"图层"面板中单击切片名称前的"切换锁定"按钮 锁定单个切片。

学习笔记

6. 设置切片选项

切片的选项确定了切片内容如何在生成的网页中显示、如何发挥作用。选中要设置的切片，执行"对象"|"切片"|"切片选项"命令，打开"切片选项"对话框，如图10-19所示。

图 10-19

该对话框中部分选项作用如下。

● **切片类型：** 用于设置切片输出的类型，即切片数据在Web中的显示方式。

● **URL：** 仅限用于图像切片，该参数设置了切片链接的Web地址。

● **信息：** 用于设置出现在浏览器中的信息。

● **替代文本：** 用于设置出现在浏览器中的该切片（非图像切片）位置上的字符。

10.3.3　导出切片图像

创建切片后，用户可以执行"文件"|"导出"|"存储为Web所用格式（旧版）"命令，打开"存储为Web所用格式"对话框，如图10-20所示。在该对话框中设置参数后，选择右下角"导出"下拉列表框中的"所有切片"选项，单击"存储"按钮即可将切片导出。图10-21所示为导出的切片图像。

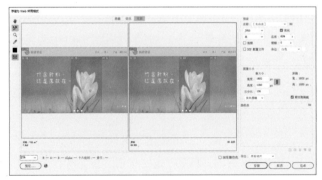

图 10-20　　　　　　　　　　　　　　　　图 10-21

课堂练习 **导出网页图像**

在处理较大的网页图像时，用户可以选择将其切片，以便更好地传输与存储。下面将以网页图像的导出为例，对切片的创建与导出进行介绍。

步骤 01 打开素材文件"家居网页.ai"，如图10-22所示。

步骤 02 按Ctrl+R组合键显示标尺，并拖曳出参考线，如图10-23所示。

图 10-22   图 10-23

步骤 03 执行"对象"|"切片"|"从参考线创建"命令，从参考线创建切片，如图10-24所示。

步骤 04 选择"切片工具" ，在图像上按住鼠标左键拖动绘制矩形框创建切片，如图10-25所示。

图 10-24   图 10-25

步骤 05 执行"文件"|"导出"|"存储为Web所用格式（旧版）"命令，打开"存储为Web所用格式"对话框，设置参数，如图10-26所示。

步骤 06 单击"存储"按钮，打开"将优化结果存储为"对话框，设置存储位置和文件名称，完成后单击"保存"按钮将切片导出，如图10-27所示。

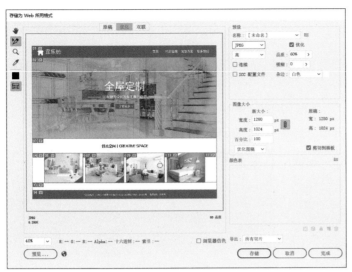

图 10-26

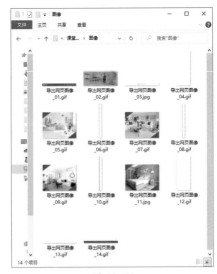

图 10-27

至此，完成网页图像的导出。

强化训练

☐1. 项目名称

制作并输出图片网页。

☐2. 项目分析

不同用途的网页有着不同的需求，在表现形式上也有着不同的形态。现需制作一个图片网页。通过将不同大小的图片进行排列，使其和谐统一；添加网页基本元素，使文件更加完整；切片输出，使文件更易使用与传输。

☐3. 项目效果

项目效果如图10-28、图10-29所示。

图 10-28

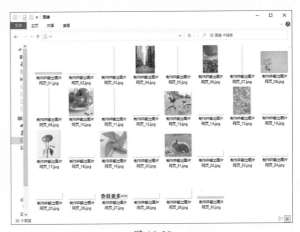

图 10-29

☐4. 操作提示

①绘制矩形，输入文字。

②绘制矩形定位素材对象。

③置入素材对象，创建剪切蒙版。

④创建切片，导出切片。

第11章
艺术节
海报设计

内容导读

　　海报是平面设计中的一大种类，是日常生活中最常见的平面设计作品。一般来说，海报具有吸引观众视线、宣传某种事物或信息的作用。在制作海报时，应兼具艺术性与实用性，信息明确、布局美观。本章将对艺术节海报的设计进行介绍。

要点难点

- 掌握绘图工具的应用
- 了解图层混合模式的应用
- 学会添加文字并进行调整
- 掌握Illustrator效果的应用

11.1 设计理念

海报是一种传递信息的艺术。海报中一般包含要展示的信息以及传递的主题。本实例将练习制作一款古风艺术节海报，背景使用复古水纹，丰富背景层次；海报中的元素选取树枝、灯笼、风铃等极具中国风与文艺美的元素，贴合海报主题；再使用文字展示艺术节信息。

1. 设计思路

（1）通过剪切蒙版、图案等知识制作背景，节省工作时间，提高效率。

（2）通过混合模式混合图形，使背景更加多样化。

（3）通过图形绘制工具绘制图形，使海报内容更加充实。

（4）添加文字，阐述海报主题，传递信息。

2. 效果呈现

该设计作品各主体部分完成后的效果如图11-1所示。

图 11-1

11.2 设计步骤

本海报的设计分为背景的制作、主体元素的绘制、装饰元素的添加以及文字信息的添加等4个部分。下面将依次进行介绍。

11.2.1 制作海报背景

水纹是一种纹理样式，也是艺术设计中常使用的一种元素。在本案例中，将通过水纹填充背景，使海报背景更具艺术气息，贴合主题背景。

步骤 01 新建一个21cm×28.5cm的空白文档。选择椭圆工具◉按住Shift键绘制一个1cm×1cm的正圆，并设置其"填充"为（C：3，M：5，Y：8，K：0），"描边"为（C：6，M：10，Y：20，K：0），"粗细"为2pt，效果如图11-2所示。

步骤 02 选中绘制的正圆，按Ctrl+C组合键复制，按Ctrl+F组合键贴在前面，复制正圆并进行调整，重复两次，效果如图11-3所示。

图 11-2   图 11-3

步骤 03 选中绘制的所有正圆，按住Alt键拖动复制，如图11-4所示。选中所有对象，按Ctrl+G组合键编组。

步骤 04 选中编组对象，按住Alt键拖动复制，如图11-5所示。

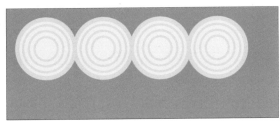

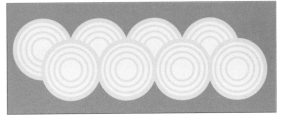

图 11-4   图 11-5

步骤 05 重复操作，效果如图11-6所示。

步骤 06 使用矩形工具▢绘制矩形，如图11-7所示。

图 11-6   图 11-7

步骤 07 选中矩形与椭圆，右击鼠标，在弹出的快捷菜单中选择"建立剪切蒙版"命令，建立剪切蒙版，如图11-8所示。

步骤08 执行"对象"|"图案"|"建立"命令，打开"图案选项"对话框，设置参数，如图11-9所示。

图 11-8　　　　　　　　　　　　　　　　　　图 11-9

步骤09 设置完成后单击"完成"按钮，创建图案。使用矩形工具▭绘制一个与画板等大的矩形，在控制栏中设置其"填充"为创建的图案，"描边"为无，如图11-10所示。按Ctrl+2组合键锁定对象。

步骤10 置入并嵌入素材文件"水墨.jpg"，调整至合适大小，并设置"不透明度"为60%，效果如图11-11所示。

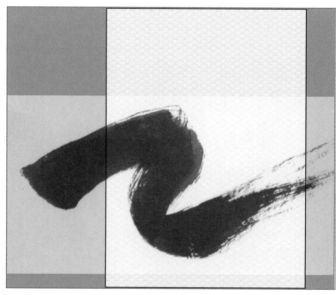

图 11-10　　　　　　　　　　　　　　图 11-11

步骤11 在"透明度"面板中设置水墨素材的混合模式为"颜色加深"，效果如图11-12所示。

步骤12 使用矩形工具▭绘制一个与画板等大的矩形，选中新绘制的矩形和水墨素材，右击鼠标，在弹出的快捷菜单中选择"建立剪切蒙版"命令，建立剪切蒙版，如图11-13所示。按Ctrl+2组合键锁定对象。

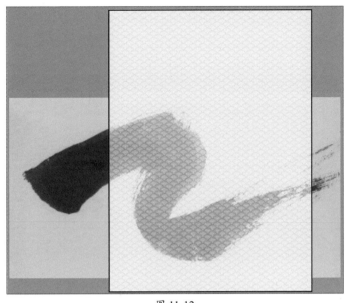

图 11-12   图 11-13

至此，完成背景的创建。

11.2.2 绘制风铃

风铃是承载使用者感情的元素，在制作艺术节海报时，用户可以在界面中添加风铃，使整体画面更加具有艺术气息。下面将对风铃的绘制进行介绍。

步骤 01 使用椭圆工具◯，按住Shift键绘制正圆，并旋转一定的角度，如图11-14所示。

步骤 02 执行"窗口"|"渐变"命令，打开"渐变"面板，设置径向渐变效果，如图11-15所示。此时，画板中图像效果如图11-16所示。

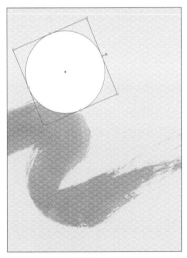

图 11-14   图 11-15   图 11-16

步骤 03 选中正圆，在控制栏中设置其"不透明度"为50%，效果如图11-17所示。

步骤 04 使用椭圆工具◯绘制椭圆，并旋转一定的角度，如图11-18所示。选中绘制的椭圆，按Ctrl+C组合键复制，按Ctrl+F组合键贴在前面，按Ctrl+3组合键隐藏复制的图层。

步骤 05 使用钢笔工具 ✐绘制路径，如图11-19所示。调整路径位于椭圆图层之下。

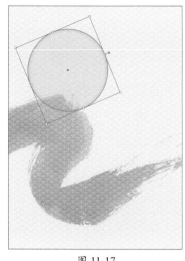
图 11-17

图 11-18

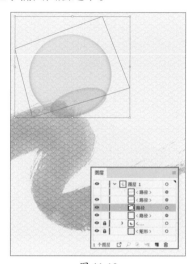
图 11-19

步骤 06 选中钢笔路径与椭圆，执行"窗口"|"路径查找器"命令，打开"路径查找器"面板，单击"减去顶层"按钮 ❑，调整路径，效果如图11-20所示。

步骤 07 选中调整后的路径与正圆，右击鼠标，在弹出的快捷菜单中选择"建立剪切蒙版"命令，创建剪切蒙版，效果如图11-21所示。

步骤 08 按Ctrl+Alt+3组合键显示隐藏的图层，为椭圆填充浅绿色（C：63，M：2，Y：27，K：0），设置其"不透明度"为20%，效果如图11-22所示。

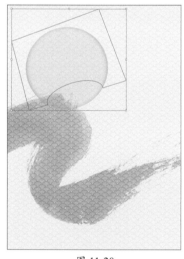
图 11-20

图 11-21

图 11-22

步骤 09 选中椭圆，执行"效果"|"风格化"|"内发光"命令，打开"内发光"对话框，设置参数，如图11-23所示。设置完成后单击"确定"按钮，添加内发光效果，如图11-24所示。

步骤 10 选中调整后的椭圆，按住Alt键拖动复制，调整形状，如图11-25所示。

步骤 11 选中复制后的椭圆，在"渐变"面板中单击"渐变"按钮添加渐变效果，并进行调整，如图11-26所示。

步骤 12 执行"窗口"|"外观"命令，打开"外观"面板，单击"内发光"参数，打开"内发光"

对话框设置参数，如图11-27所示。设置完成后单击"确定"按钮，效果如图11-28所示。

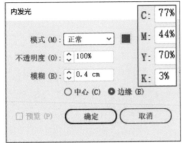

图 11-23

图 11-24

图 11-25

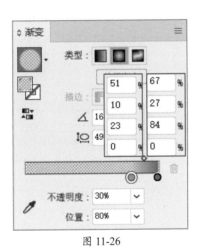

图 11-26

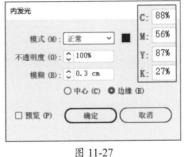

图 11-27

图 11-28

步骤 13 使用椭圆工具 ⬭ 绘制椭圆，并为其添加线性渐变，如图11-29、图11-30所示。

步骤 14 使用钢笔工具 ✎ 绘制路径，设置其"填充"为（C：21，M：17，Y：46，K：0）颜色，效果如图11-31所示。

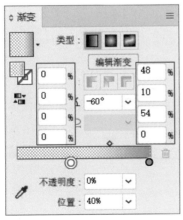

图 11-29

图 11-30

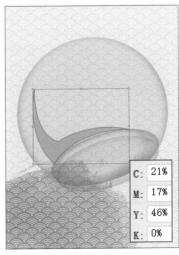

图 11-31

步骤 15 选中绘制的图形，执行"效果"|"模糊"|"高斯模糊"命令，打开"高斯模糊"对话框设置参数，如图11-32所示。设置完成后单击"确定"按钮，效果如图11-33所示。

步骤 16 继续使用椭圆工具◯按住Shift键绘制正圆，设置其"填充"为白色，如图11-34所示。

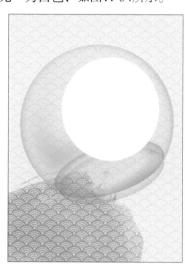

图 11-32　　　　　　　　　　图 11-33　　　　　　　　　　图 11-34

步骤 17 按住Alt键拖动复制绘制的正圆，如图11-35所示。

步骤 18 选中两个正圆，单击"路径查找器"面板中的"减去顶层"按钮◻，调整图形，如图11-36所示。

步骤 19 使用矩形工具◻绘制并旋转矩形，如图11-37所示。

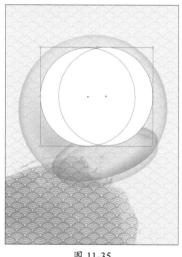

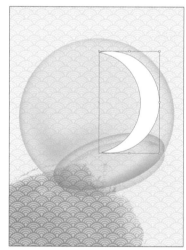

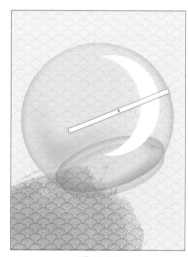

图 11-35　　　　　　　　　　图 11-36　　　　　　　　　　图 11-37

步骤 20 选中矩形与修剪后的图形，单击"路径查找器"面板中的"减去顶层"按钮◻，调整图形，如图11-38所示。

步骤 21 选中调整后的图形，右击鼠标，在弹出的快捷菜单中选择"取消编组"命令，取消编组效果。分别为对象添加透明到白色的渐变，如图11-39所示。

步骤 22 使用钢笔工具✐绘制路径，设置其"填充"为无，"描边"为绿色（C：60，M：0，Y：78，K：0），效果如图11-40所示。

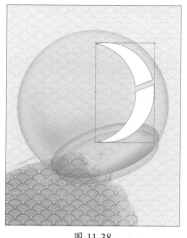

图 11-38

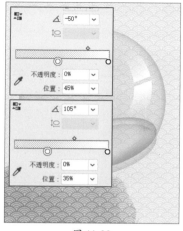

图 11-39

图 11-40

步骤23 选中绘制的路径，执行"效果"|"模糊"|"高斯模糊"命令，打开"高斯模糊"对话框设置参数，如图11-41所示。设置完成后单击"确定"按钮，效果如图11-42所示。

步骤24 使用椭圆工具●绘制椭圆，设置其"填充"为白色，"描边"为无，如图11-43所示。

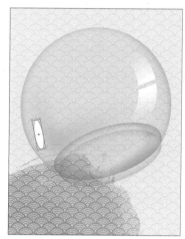

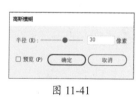

图 11-41

图 11-42

图 11-43

步骤25 选中绘制的椭圆，执行"效果"|"变形"|"弧形"命令，打开"变形选项"对话框设置参数，如图11-44所示。设置完成后单击"确定"按钮，效果如图11-45所示。

步骤26 选中变形后的椭圆，执行"效果"|"模糊"|"高斯模糊"命令，打开"高斯模糊"对话框，设置"半径"为30像素。设置完成后单击"确定"按钮，效果如图11-46所示。

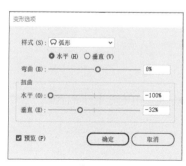

图 11-44

图 11-45

图 11-46

步骤27 使用相同的方法，添加其他高光效果，如图11-47所示。

步骤28 使用钢笔工具✍绘制路径，如图11-48所示。

步骤29 选中绘制的路径，按R键切换至旋转工具，按住Alt键移动旋转中心点，释放鼠标后即可打开"旋转"对话框，设置"角度"为72°，单击"复制"按钮，效果如图11-49所示。

图 11-47

图 11-48

图 11-49

步骤30 按Ctrl+D组合键再次变换，重复多次，效果如图11-50所示。

步骤31 选中其中一个绘制路径，在"渐变"面板中为其添加透明到红色的径向渐变，如图11-51所示。

步骤32 使用相同的方法，为其他路径添加径向渐变效果，并调整渐变角度，效果如图11-52所示。

图 11-50

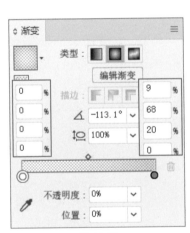

图 11-51

图 11-52

步骤33 使用椭圆工具⬭按住Shift键绘制正圆，设置其"填充"为黄色（C：4，M：24，Y：88，K：0），"描边"为无，如图11-53所示。

步骤34 选中绘制的正圆，执行"效果"|"纹理"|"颗粒"命令。打开"颗粒"对话框设置参数，如图11-54所示。

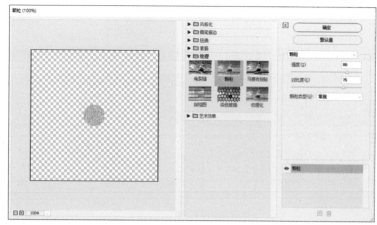

图 11-53   图 11-54

步骤 35 设置完成后单击"确定"按钮，效果如图11-55所示。

步骤 36 选中添加颗粒效果的正圆，执行"效果"|"模糊"|"高斯模糊"命令，打开"高斯模糊"对话框，设置"半径"为40像素。设置完成后单击"确定"按钮，添加模糊效果如图11-56所示。

步骤 37 选中红色花瓣及黄色花蕊，按Ctrl+G组合键编组，按住Alt键拖动复制并旋转角度，如图11-57所示。

图 11-55   图 11-56   图 11-57

步骤 38 使用圆角矩形工具▣绘制"圆角半径"为0.3cm的圆角矩形，设置其"填充"为红色（C：0，M：79，Y：57，K：0），"描边"为无，如图11-58所示。

步骤 39 使用矩形工具绘制矩形，如图11-59所示。

步骤 40 选中矩形与绘制的圆角矩形，单击"路径查找器"面板中的"减去顶层"按钮▣，调整图形，如图11-60所示。

步骤 41 使用钢笔工具在路径上添加锚点并进行调整，效果如图11-61所示。

步骤 42 选中调整后的路径，执行"效果"|"风格化"|"内发光"命令，打开"内发光"对话框设置参数，如图11-62所示。设置完成后单击"确定"按钮，效果如图11-63所示。

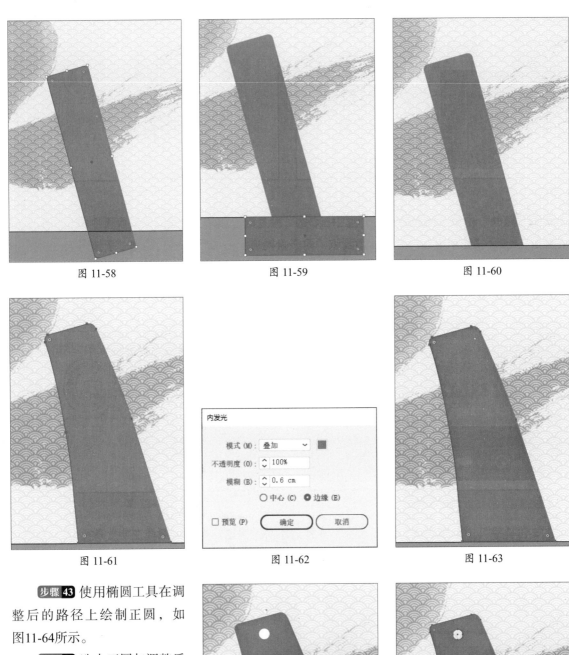

图 11-58   图 11-59   图 11-60

图 11-61   图 11-62   图 11-63

步骤43 使用椭圆工具在调整后的路径上绘制正圆，如图11-64所示。

步骤44 选中正圆与调整后的路径，右击鼠标，在弹出的快捷菜单中选择"建立复合路径"命令，创建复合路径效果，如图11-65所示。

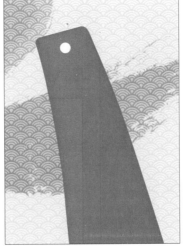

图 11-64

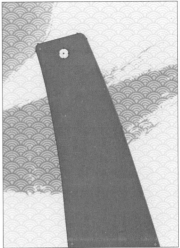

图 11-65

步骤45 使用钢笔工具绘制路径,设置其"填充"为棕色(C: 48,M: 69,Y: 100,K: 10),"描边"为无,如图11-66所示。按Ctrl+C组合键复制,按Ctrl+F组合键贴在前面。

步骤46 使用钢笔工具绘制路径,如图11-67所示。

图 11-66   图 11-67

步骤47 选中绘制的路径及复制的路径,单击"路径查找器"面板中的"交集"按钮,创建相交图形并设置"填充"为深棕色(C: 57,M: 75,Y: 100,K: 32),如图11-68所示。

步骤48 使用相同的方法,制作其他路径并设置"填充"为浅黄色(C: 4,M: 12,Y: 30,K: 0),如图11-69所示。

图 11-68   图 11-69

步骤49 使用钢笔工具绘制路径,设置其"填充"为棕色(C: 48,M: 69,Y: 100,K: 10),"描边"为无,如图11-70所示。

步骤50 选中这4段路径,按Ctrl+G组合键编组。单击"画笔"面板中的"菜单"按钮▤,在弹出的下拉菜单中选择"新建画笔"命令,在弹出的"新建画笔"对话框中选中"散点画笔"单选按钮,单击"确定"按钮,打开"散点画笔选项"对话框设置参数,如图11-71所示。设置完成后单击"确定"按钮,新建画笔。

图 11-70

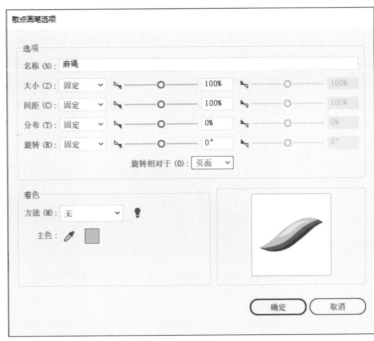

图 11-71

步骤 51 使用钢笔工具绘制路径，如图11-72所示。

步骤 52 选中绘制的路径，选择"画笔"面板中新建的画笔，单击"菜单"按钮≡，在弹出的下拉菜单中选择"所选对象的选项"命令，打开"描边选项（散点画笔）"对话框，设置参数，如图11-73所示。

图 11-72

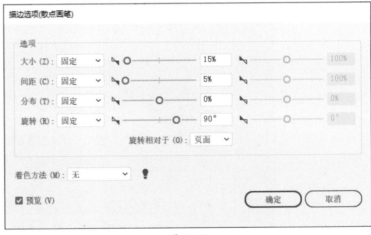

图 11-73

步骤 53 设置完成后单击"确定"按钮，效果如图11-74所示。

步骤 54 选中路径，使用剪刀工具✂在合适位置单击，打断路径，如图11-75所示。

步骤 55 调整图层顺序，效果如图11-76所示。

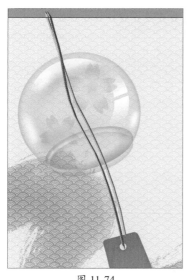
图 11-74

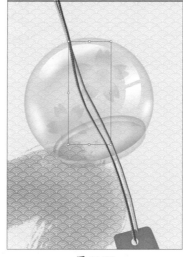
图 11-75

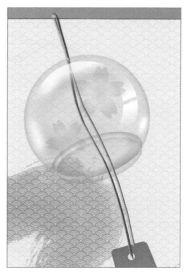
图 11-76

步骤 56 导入素材文件"铃铛.png"，调整至合适位置与大小，如图11-77所示。

步骤 57 选中置入的素材文件，按住Alt键拖动复制，调整大小并旋转一定的角度，如图11-78所示。

图 11-77

图 11-78

至此，完成风铃的制作。

11.2.3　绘制装饰元素

装饰元素可以丰富海报画面，增加海报的灵动气息。用户可以添加一些树枝、红梅、灯笼等元素，使画面更加活泼。下面将对装饰元素的绘制进行介绍。

步骤 01 选择钢笔工具绘制树枝路径，设置其"填充"为深棕色（C：74，M：85，Y：95，K：69），"描边"为无，如图11-79所示。

步骤 02 使用椭圆工具按住Shift键绘制正圆，设置其"填充"为红色（C：11，M：98，Y：100，K：0），"描边"为无，如图11-80所示。

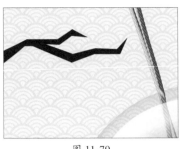

图 11-79　　　　　　　　　　　图 11-80

步骤 03 选中绘制的正圆，按住Alt键拖动复制，并调整大小，重复多次，效果如图11-81所示。

步骤 04 使用圆角矩形工具绘制圆角矩形，如图11-82所示。

图 11-81　　　　　　　　　　　图 11-82

步骤 05 选中绘制的圆角矩形，按住Alt键拖动复制，如图11-83所示。

步骤 06 选中圆角矩形和复制的圆角矩形，单击"路径查找器"面板中的"分割"按钮▣，分割矩形，取消编组后删除部分，并设置其余部分颜色为稍深的红色（C：23，M：98，Y：93，K：0），如图11-84所示。

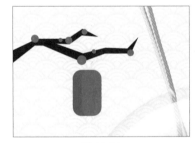

图 11-83　　　　　　　　　　　图 11-84

步骤 07 使用矩形工具绘制矩形，设置其"填充"为黑色，"描边"为无，如图11-85所示。

步骤 08 继续绘制矩形，设置其"填充"为深红色（C：30，M：100，Y：96，K：0），"描边"为无，如图11-86所示。

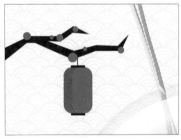

图 11-85　　　　　　　　　　　图 11-86

步骤09 选中新绘制的矩形，按住Alt键拖动复制，重复多次，设置其"垂直居中分布"，效果如图11-87所示。

步骤10 此时，海报效果如图11-88所示。

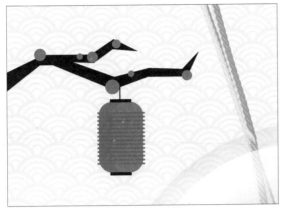
图 11-87

图 11-88

至此，完成装饰元素的绘制。

11.2.4 添加文字信息

文字信息可以直观地展示海报的主题，方便读者提取海报信息。下面将对文字的添加进行介绍。

步骤01 选择文字工具，在画板中合适位置单击并输入文字，调整至合适角度，如图11-89所示。

步骤02 选中输入的文字，在"渐变"面板中设置"线性渐变"，如图11-90所示。此时，文字效果如图11-91所示。

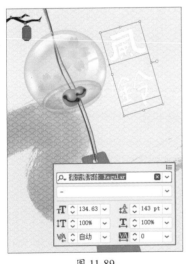
图 11-89

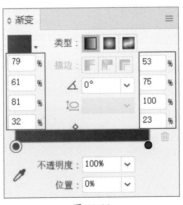
图 11-90

图 11-91

步骤03 使用相同的方法，继续添加文字，并设置其"字体"为"宋体"，如图11-92所示。

步骤04 选中新输入的文字，按住Alt键拖动复制，设置其"填充"为白色，调整大小，如图11-93所示。

步骤05 使用直排文字工具输入文字，设置其"填充"为棕色（C：43，M：76，Y：100，K：7），如图11-94所示。

图 11-92　　　　　　　　　　图 11-93　　　　　　　　　　图 11-94

步骤 06　继续输入文字，设置其"填充"为深棕色（C：58，M：83，Y：100，K：45），如图11-95所示。

步骤 07　选中画板中的花瓣，按住Alt键拖动复制，调整合适大小，如图11-96所示。

图 11-95　　　　　　　　　　图 11-96

至此，完成艺术节海报的制作。

第12章

字体特效
广告设计

内容导读

　　文字是商业促销海报中最直观的表达方式。在影视作品片头中，常常会通过特效文字展示重要信息，使文字作为设计中的主体，既明显又具有独特的审美效果。本章将对字体特效广告的设计进行介绍。

要点难点

- 掌握图形绘制的方法
- 熟练应用效果
- 学会制作蒙版

12.1 设计理念

文字是商业促销中最直观的表达方式。本实例中将练习制作文字特效广告，通过文字效果展示信息，结合特殊的霓虹效果，将文字图形化，给观众带来艺术的美感和震撼。下面将对此进行介绍。

1. 设计思路

（1）通过效果制作主视觉文字，使效果更加震撼。

（2）通过效果和蒙版制作霓虹灯文字，使效果更加多元化。

（3）使用图形绘制工具绘制广告架，使广告效果更加真实。

（4）添加装饰图形，使广告效果更加完整。

2. 效果呈现

该广告设计稿各部分完成效果如图12-1所示。

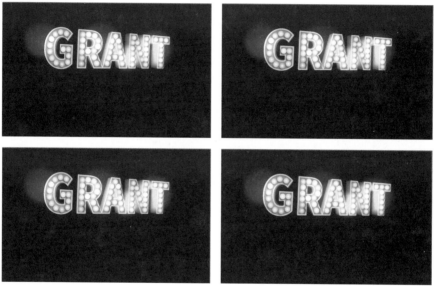

图 12-1

12.2 设计步骤

本广告的制作分为4个部分：灯泡特效的制作、灯管字的链接、广告架的制作以及装饰图形的绘制。下面将依次进行介绍。

12.2.1 制作发光灯泡文字

发光灯泡文字作为广告的主视觉，需要极为明显亮眼。这里选择将文字制作成发光灯泡的效果，可以增加文字的吸引力与趣味性，调动观众的兴趣。

步骤 01 新建一个960像素×600像素的空白文档。使用矩形工具▥在图像编辑窗口中绘制一个与画板等大的矩形，设置其"描边"为无。执行"窗口"|"渐变"命令，打开"渐变"面板为其添加渐变效果，如图12-2所示。

步骤 02 此时，画板中的效果如图12-3所示。

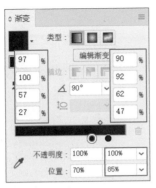

图 12-2

图 12-3

步骤 03 选择文字工具 T 在画板中输入文字，设置其"填充"为橘黄色（C：2，M：37，Y：90，K：0），"描边"为黄色（C：5，M：19，Y：82，K：0），"粗细"为5pt，选择合适的英文字体，设置"大小"为238pt，效果如图12-4所示。

步骤 04 选中输入的文字，执行"效果"|3D|"凸出和斜角"命令，打开"3D凸出和斜角选项"对话框，设置参数，如图12-5所示。

图 12-4

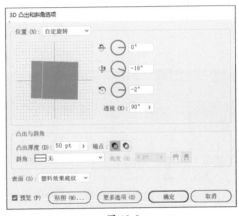

图 12-5

步骤 05 单击"更多选项"按钮，设置灯光位置，如图12-6所示。

步骤 06 设置完成后单击"确定"按钮，效果如图12-7所示。

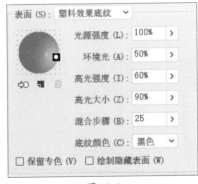

图 12-6

图 12-7

步骤 07 选中文字，执行"效果"|"风格化"|"内发光"命令，打开"内发光"对话框，设置参数，如图12-8所示。

步骤 08 设置完成后单击"确定"按钮，效果如图12-9所示。

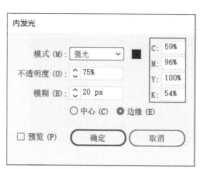

图 12-8

图 12-9

步骤 09 选中文字，按Ctrl+C组合键复制，按Ctrl+F组合键贴在前面。选中复制的文字，设置其"填充"为无，"描边"为浅黄色（C：4，M：8，Y：48，K：0），"粗细"为4pt，效果如图12-10所示。

步骤 10 选中复制的文字对象，在"外观"面板中单击"3D凸出和斜角"选项，打开"3D凸出和斜角选项"对话框，设置"凸出厚度"为0pt，调整3D效果，如图12-11所示。设置完成后单击"确定"按钮应用调整。

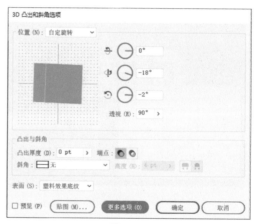

图 12-10

图 12-11

步骤 11 选中"外观"面板中的"内发光"效果，单击"删除所选项目"按钮 🗑 删除该效果。执行"效果"|"风格化"|"外发光"命令，打开"外发光"对话框，设置参数，如图12-12所示。

步骤 12 设置完成后单击"确定"按钮，调整文字位置，效果如图12-13所示。

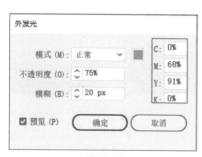

图 12-12

图 12-13

步骤13 选择椭圆工具⚫，在文字内部按住Shift键绘制正圆，如图12-14所示。

步骤14 选中绘制的正圆，在"渐变"面板中为其添加白色到浅黄色（C：2，M：10，Y：35，K：0）的径向渐变，如图12-15所示。

图 12-14

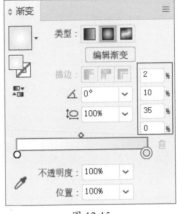

图 12-15

步骤15 选中正圆，执行"效果"|"风格化"|"外发光"命令，打开"外发光"对话框，设置参数，如图12-16所示。

步骤16 设置完成后单击"确定"按钮，效果如图12-17所示。

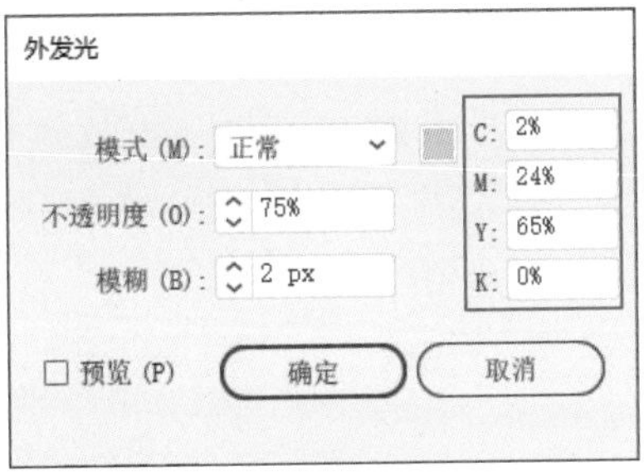

图 12-16

图 12-17

步骤17 选中调整后的正圆，按住Alt键拖动复制，填充G字母，调整部分圆形渐变效果，如图12-18所示。选中G字母上的圆形，按Ctrl+G组合键编组。

图 12-18

步骤18 选中编组对象，按Ctrl+C组合键复制，按Ctrl+B组合键贴在后面。设置编组对象的填充为棕色（C：50，M：77，Y：100，K：19），向左下方移动复制对象，如图12-19所示。

图 12-19

步骤19 选中复制的编组对象，执行"效果"|"模糊"|"高斯模糊"命令，打开"高斯模糊"对话框，设置"半径"为12.5像素。设置完成后单击"确定"按钮，效果如图12-20所示。

步骤20 使用相同的方法，在其他字母内部填充圆形小灯泡效果，如图12-21所示。

图 12-20

图 12-21

步骤21 选择椭圆工具 ⬭ 在画板中绘制正圆，并为其添加浅灰色（C：53，M：44，Y：41，K：0）到深灰色（C：78，M：81，Y：83，K：66）的径向渐变效果，如图12-22所示。

步骤22 此时，画板中的效果如图12-23所示。

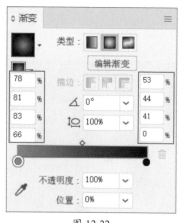

图 12-22

图 12-23

步骤23 选中渐变圆形，按住Alt键拖动复制，并调整合适大小，如图12-24所示。

步骤24 选中绘制的正圆，执行"滤镜"|"模糊"|"高斯模糊"命令，打开"高斯模糊"对话

框，设置"半径"为33像素。设置完成后单击"确定"按钮，效果如图12-25所示。

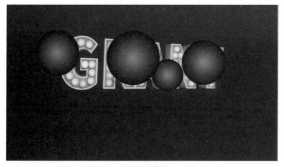
图 12-24

图 12-25

步骤 25 选中模糊的正圆，在"透明度"面板中设置混合模式为"颜色减淡"，如图12-26所示。此时，画板中的效果如图12-27所示。

图 12-26

图 12-27

至此，完成发光灯泡文字的制作。

12.2.2 制作霓虹灯文字

霓虹灯具有一种极强穿透力的效果，霓虹灯文字则可以兼具霓虹灯的穿透力及柔和美感，更具艺术性。下面将对霓虹灯文字的制作进行介绍。

步骤 01 使用圆角矩形工具绘制圆角矩形，设置其"圆角半径"为11px，"填充"为无，"描边"为玫红色（C：0，M：88，Y：38，K：0），"粗细"为10pt，效果如图12-28所示。

步骤 02 选中绘制的圆角矩形，执行"效果"|"风格化"|"内发光"命令，打开"内发光"对话框，设置参数，如图12-29所示。

图 12-28

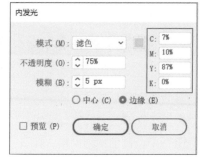
图 12-29

步骤 **03** 设置完成后单击"确定"按钮，效果如图12-30所示。

步骤 **04** 选中圆角矩形，执行"效果"|3D|"凸出和斜角"命令，打开"3D凸出和斜角选项"对话框，设置参数，如图12-31所示。

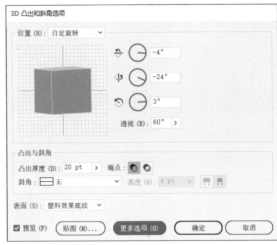

图 12-30   图 12-31

步骤 **05** 设置完成后单击"确定"按钮，效果如图12-32所示。

步骤 **06** 选择矩形网格工具▦在画板中合适位置单击，打开"矩形网格工具选项"对话框，设置参数，如图12-33所示。

图 12-32   图 12-33

步骤 **07** 设置完成后单击"确定"按钮，创建矩形网格。选中创建的矩形网格，在控制栏中设置其"描边"为红色（C：34，M：100，Y：94，K：1），"粗细"为0.3pt，效果如图12-34所示。

步骤 **08** 选中绘制的矩形网格，执行"效果"|3D|"凸出和斜角"命令，打开"3D凸出和斜角选项"对话框，设置参数，如图12-35所示。

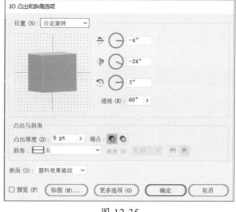

图 12-34

图 12-35

步骤 09 设置完成后单击"确定"按钮,效果如图12-36所示。

步骤 10 选中矩形网格,执行"效果"|"风格化"|"外发光"命令,打开"外发光"对话框,设置参数,如图12-37所示。

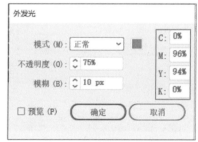

图 12-36

图 12-37

步骤 11 设置完成后单击"确定"按钮,效果如图12-38所示。

步骤 12 执行"效果"|"模糊"|"高斯模糊"命令,打开"高斯模糊"对话框,设置"半径"为3像素。设置完成后单击"确定"按钮,效果如图12-39所示。

图 12-38

图 12-39

步骤 13 选中调整后的矩形网格,按Ctrl+C组合键复制,按Ctrl+F组合键贴在前面。在"外观"面板中选中"高斯模糊"效果,单击"删除所选项目"按钮删除该效果,效果如图12-40所示。

步骤 14 选中绘制的圆角矩形,在"图层"面板中调整其位于矩形网格上层,效果如图12-41所示。

图 12-40

图 12-41

步骤 15 选中圆角矩形，按Ctrl+C组合键复制，按Ctrl+F组合键贴在前面，单击"外观"面板中的"3D凸出和斜角"选项，打开"3D凸出和斜角选项"对话框，设置"凸出厚度"为0pt。设置完成后单击"确定"按钮，切换圆角矩形填充与描边颜色，效果如图12-42所示。

步骤 16 选中复制的圆角矩形，在"透明度"面板中设置其混合模式为"滤色"，"不透明度"为10%，效果如图12-43所示。

图 12-42

图 12-43

步骤 17 选择文字工具添加文字，在控制栏中设置其"字体"为"资源圆体"，"字体样式"为Normal，"字体大小"为160.5pt，"填充"为浅粉色（C：0，M：8，Y：4，K：0），"描边"为无，效果如图12-44所示。

步骤 18 选中输入的文字，执行"效果"|3D|"凸出和斜角"命令，打开"3D凸出和斜角选项"对话框，设置参数，如图12-45所示。

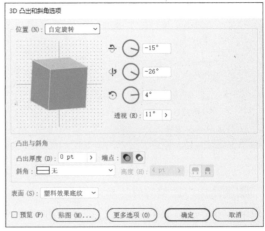

图 12-44

图 12-45

步骤 19 设置完成后单击"确定"按钮，效果如图12-46所示。

步骤 20 选中文字，执行"效果"|"风格化"|"内发光"命令，打开"内发光"对话框，设置参数，如图12-47所示。

图 12-46

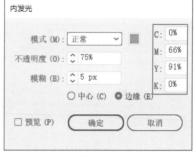

图 12-47

步骤 21 设置完成后单击"确定"按钮，效果如图12-48所示。

步骤 22 执行"效果"|"风格化"|"外发光"命令，打开"外发光"对话框，设置参数，如图12-49所示。

图 12-48

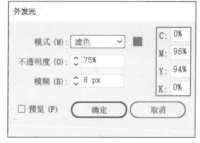

图 12-49

步骤 23 设置完成后单击"确定"按钮，效果如图12-50所示。

步骤 24 选中调整后的文字，按Ctrl+C组合键复制，按Ctrl+B组合键贴在后面，删除内发光和外发光效果，设置其"填充"为无，"描边"为紫红色（C：0，M：93，Y：11，K：0），"粗细"为0.5pt，向左上方移动其位置，效果如图12-51所示。

图 12-50

图 12-51

步骤25 选中复制的文字,按Ctrl+C组合键复制,按Ctrl+B组合键贴在后面,设置其"描边"为黄色(C:5,M:21,Y:88,K:0)。执行"效果"|"模糊"|"高斯模糊"命令,打开"高斯模糊"对话框,设置"半径"为12.5像素,设置完成后单击"确定"按钮,效果如图12-52所示。

步骤26 选中设置模糊的文字,按Ctrl+C组合键复制,按Ctrl+B组合键贴在后面,设置其"填充"为红色(C:32,M:100,Y:82,K:1),"描边"为无,效果如图12-53所示。

图 12-52

图 12-53

步骤27 单击"外观"面板中的"高斯模糊",打开"高斯模糊"对话框,设置"半径"为21像素,设置完成后单击"确定"按钮,效果如图12-54所示。

步骤28 选择钢笔工具绘制路径连接文字,在控制栏中设置其"描边"为浅粉色(C:0,M:8,Y:4,K:0),"粗细"为11pt,在"描边"面板中设置其"端点"为圆头端点,效果如图12-55所示。

图 12-54

图 12-55

步骤29 选中绘制的路径,执行"效果"|"风格化"|"内发光"命令,打开"内发光"对话框,设置参数,如图12-56所示。

步骤30 设置完成后单击"确定"按钮,效果如图12-57所示。

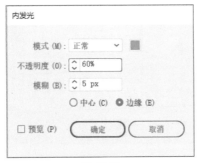

图 12-56

图 12-57

步骤 **31** 使用钢笔工具绘制路径并填充由黑至白的线性渐变，使用渐变工具调整渐变效果，如图12-58所示。

步骤 **32** 选中渐变路径与下层的路径，在"透明度"面板中单击"蒙版"按钮创建蒙版效果，如图12-59所示。

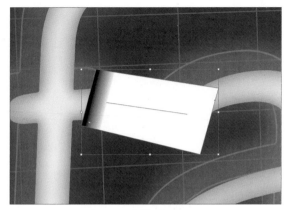

图 12-58

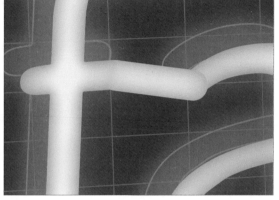

图 12-59

步骤 **33** 使用相同的方法，继续绘制渐变路径并创建蒙版，直至连接完成文字，效果如图12-60所示。

步骤 **34** 选择发光灯泡特效中最后绘制的渐变正圆，按住Alt键拖动复制，调整大小，并移动至最上层，效果如图12-61所示。

图 12-60

图 12-61

至此，完成霓虹灯文字的制作。

12.2.3 制作广告架

广告架可以完善广告效果，使文字特效更加真实。下面将对广告架的制作进行介绍。

步骤 **01** 使用钢笔工具绘制路径，设置"填充"为无，"描边"为深红色（C：49，M：91，Y：83，K：19），"粗细"为3pt，"不透明度"为50%，如图12-62所示。

步骤 **02** 选中绘制的路径，按Ctrl+C组合键复制，按Ctrl+B组合键贴在后面。执行"效果"|"模糊"|"高斯模糊"命令，打开"高斯模糊"对话框，设置"半径"为16像素。设置完成后单击"确定"按钮，效果如图12-63所示。

图 12-62   图 12-63

步骤 03 选择矩形网格工具在画板中单击，打开"矩形网格工具选项"对话框，设置参数，如图12-64所示。

步骤 04 设置完成后单击"确定"按钮，创建矩形网格，在控制栏中设置其"填充"为无，"描边"为豆沙色（C：38，M：74，Y：58，K：0），"粗细"为4pt，"不透明度"为50%，效果如图12-65所示。

图 12-64   图 12-65

步骤 05 选中绘制的矩形网格，执行"效果"|3D|"凸出和斜角"命令，打开"3D凸出和斜角选项"对话框，设置参数，如图12-66所示。

步骤 06 设置完成后单击"确定"按钮，效果如图12-67所示。

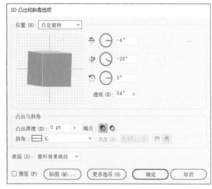

图 12-66   图 12-67

步骤 07 使用钢笔工具绘制图形，设置其"填充"为无，描边颜色与矩形网格一致，"不透明度"为100%，效果如图12-68所示。

步骤 08 选中绘制的路径及矩形网格，调整图层顺序位于渐变背景之上，效果如图12-69所示。

图 12-68

图 12-69

至此，完成广告架的制作。

12.2.4 绘制装饰图形

装饰图形可以增加广告的灵动性，使广告效果自然不单调，充满韵律感。下面将对装饰图形的创建进行介绍。

步骤 01 选择文字工具 T 输入文字，设置其"填充"为白色，"描边"为无，选择合适的英文字体，设置"大小"为84pt，效果如图12-70所示。

步骤 02 选中输入的文字，执行"效果"|3D|"凸出和斜角"命令，打开"3D凸出和斜角选项"对话框，设置参数，如图12-71所示。

图 12-70

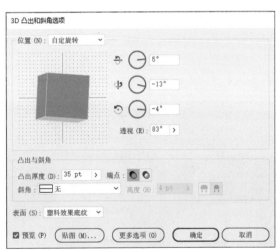

图 12-71

步骤 03 设置完成后单击"确定"按钮，效果如图12-72所示。

步骤 04 选中文字，按Ctrl+C组合键复制，按Ctrl+F组合键贴在前面。此时默认选中复制的文字，执行"对象"|"扩展外观"命令，扩展复制文字的外观，按Ctrl+Shift+G组合键取消编组，删除多余的内容，效果如图12-73所示。

图 12-72

图 12-73

步骤05 执行"对象"|"路径"|"偏移路径"命令，打开"偏移路径"对话框，设置参数，如图12-74所示。

步骤06 设置完成后单击"确定"按钮，效果如图12-75所示。

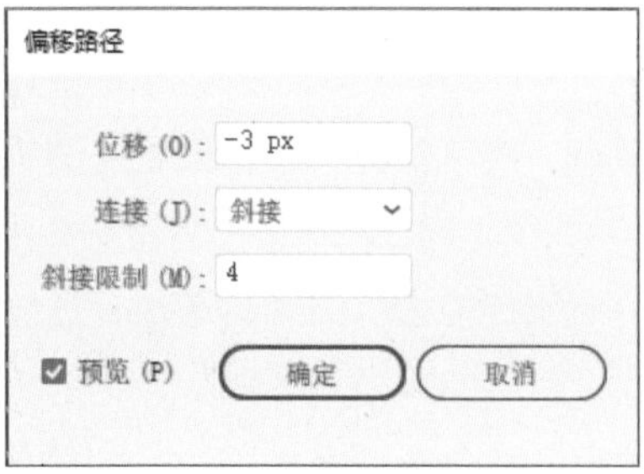

图 12-74

图 12-75

步骤07 选中偏移后的路径，设置其"填充"为无，"描边"为天蓝色（C：44，M：0，Y：14，K：0），"粗细"为3pt，效果如图12-76所示。

步骤08 选中偏移后的路径，执行"效果"|"风格化"|"圆角"命令，打开"圆角"对话框，设置"半径"为3px。设置完成后单击"确定"按钮，创建圆角效果，如图12-77所示。

图 12-76

图 12-77

步骤09 选中上述步骤中的所有路径，按Ctrl+Shift+G组合键取消编组。选中原灰色文字，按Ctrl+G组合键编组；选中偏移路径文字，按Ctrl+G组合键编组，如图12-78所示。

步骤 10 选中偏移路径文字编组，执行"效果"|"风格化"|"投影"命令，打开"投影"对话框，设置参数，如图12-79所示。

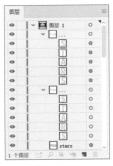

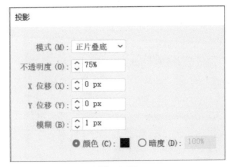

图 12-78 　　　　　　　　　　　　　图 12-79

步骤 11 设置完成后单击"确定"按钮，创建投影效果，如图12-80所示。

步骤 12 选中偏移路径文字编组，按Ctrl+C组合键复制，按Ctrl+F组合键贴在前面。在"外观"面板中删除"投影"效果，执行"效果"|"风格化"|"内发光"命令，打开"内发光"对话框，设置参数，如图12-81所示。

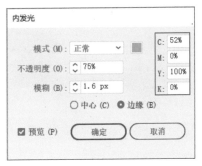

图 12-80 　　　　　　　　　　　　　图 12-81

步骤 13 设置完成后单击"确定"按钮。执行"效果"|"风格化"|"外发光"命令，打开"外发光"对话框，设置参数，如图12-82所示。

步骤 14 设置完成后单击"确定"按钮，效果如图12-83所示。

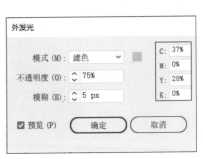

图 12-82 　　　　　　　　　　　　　图 12-83

步骤 15 选择星形工具☆，按住Shift键绘制星形，设置其"填充"为无，"描边"为黄色（C：7，M：6，Y：86，K：0），"粗细"为4pt，效果如图12-84所示。在"描边"面板中设置其"端点"为圆头端点。

步骤 **16** 选中绘制的星形，执行"效果"|"风格化"|"内发光"命令，打开"内发光"对话框，设置参数，如图12-85所示。

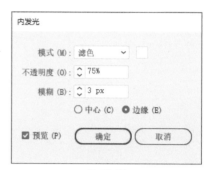

图 12-84 　　　　　　　　　　　　　　　　　　图 12-85

步骤 **17** 设置完成后单击"确定"按钮，效果如图12-86所示。

步骤 **18** 选中星形，执行"效果"|"模糊"|"高斯模糊"命令，打开"高斯模糊"对话框，设置"半径"为2px。设置完成后单击"确定"按钮，效果如图12-87所示。

图 12-86 　　　　　　　　　　　　　　　　　　图 12-87

步骤 **19** 选中星形，按C键切换至剪刀工具 ✂，在星形路径上单击打断路径，并删除多余部分，如图12-88所示。

步骤 **20** 选中打断后的路径，按Ctrl+C组合键复制，按Ctrl+B组合键贴在后面，在"外观"面板中删除"内发光"效果，并调整"高斯模糊"效果半径为4px，效果如图12-89所示。

图 12-88 　　　　　　　　　　　　　　　　　　图 12-89

步骤 **21** 选中复制的星形，执行"效果"|"风格化"|"外发光"命令，打开"外发光"对话框，设置参数，如图12-90所示。

步骤 **22** 设置完成后单击"确定"按钮，效果如图12-91所示。

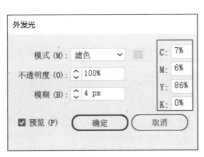

图 12-90

图 12-91

步骤 23 选中原星形和复制的星形，按住Alt键拖动复制，效果如图12-92所示。

步骤 24 选择椭圆工具，按住Shift键绘制一个3px×3px的正圆。选中绘制的正圆，单击"画笔"面板中的"菜单"按钮 ，在弹出的快捷菜单中选择"新建画笔"命令，打开"新建画笔"对话框，选中"散点画笔"单选按钮，如图12-93所示。

图 12-92

图 12-93

步骤 25 单击"确定"按钮，打开"散点画笔选项"对话框，设置参数，如图12-94所示。设置完成后单击"确定"按钮，创建画笔。

步骤 26 选择画笔工具 ，在画板中随意地绘制路径，设置其"粗细"为1pt，"不透明度"为50%，单击"画笔"面板中的"繁星"画笔，效果如图12-95所示。

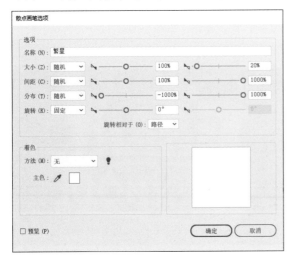

图 12-94

图 12-95

步骤 27 选择发光灯泡特效中最后绘制的渐变正圆，按住Alt键拖动复制，调整大小，并移动至最上层，效果如图12-96所示。

步骤 28 执行"文件"|"置入"命令，置入素材"云彩.png"，调整至合适大小与位置，在"透明度"面板中设置其混合模式为"滤色"，"不透明度"为20％，效果如图12-97所示。

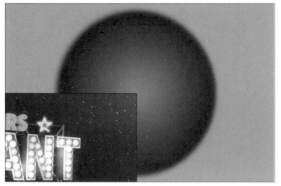

图 12-96

图 12-97

步骤 29 使用矩形工具绘制矩形，并添加黑白渐变，使用渐变工具调整渐变效果，如图12-98所示。

步骤 30 选中矩形与置入的素材文件，单击"透明度"面板中的"蒙版"按钮，创建蒙版效果，如图12-99所示。

图 12-98

图 12-99

步骤 31 选中创建蒙版后的对象，按住Alt键拖动复制，并调整渐变效果，如图12-100所示。

步骤 32 选中云彩，在"图层"面板中调整图层顺序位于渐变背景之上，效果如图12-101所示。

图 12-100

图 12-101

步骤 33 使用矩形工具绘制一个与画板等大的矩形，选中所有对象，右击鼠标，在弹出的快捷菜单中选择"建立剪切蒙版"命令，创建剪切蒙版，效果如图12-102所示。

图 12-102

至此，完成装饰图形的绘制。

学 习 心 得

参 考 文 献

[1] 姜洪侠，张楠楠. Photoshop CC 图形图像处理标准教程 [M]. 北京：人民邮电出版社，2016.

[2] 周建国. Photoshop CC 图形图像处理标准教程 [M]. 北京：人民邮电出版社，2016.

[3] 孔翠，杨东宇，朱兆曦. 平面设计制作标准教程 Photoshop CC + Illustrator CC [M]. 北京：人民邮电出版社，2016.

[4] 沿铭洋，聂清彬. Illustrator CC 平面设计标准教程 [M]. 北京：人民邮电出版社，2016.